博物馆智慧体验探索
——上海天文馆项目研究与实践

忻 歌 等著

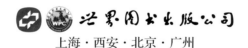

世界图书出版公司

上海·西安·北京·广州

图书在版编目（CIP）数据

博物馆智慧体验探索：上海天文馆项目研究与实践 / 忻歌等著 . —
上海：上海世界图书出版公司 , 2021.5
ISBN 978-7-5192-8443-5

Ⅰ . ①博… Ⅱ . ①忻… Ⅲ . ①博物馆—重大建设项目—研究—上海
Ⅳ . ① P1-28

中国版本图书馆 CIP 数据核字 (2021) 第 053040 号

书　　名	博物馆智慧体验探索——上海天文馆项目研究与实践	
	Bowuguan Zhihui Tiyan Tansuo——Shanghai Tianwenguan Xiangmu Yanjiu yu Shijian	
著　　者	忻　歌　等	
插　　画	木　风	
责任编辑	吴柯茜	
封面设计	张亚春	
出版发行	上海世界图书出版公司	
地　　址	上海市广中路88号9-10楼	
邮　　编	200083	
网　　址	http://www.wpcsh.com	
经　　销	新华书店	
印　　刷	上海颛辉印刷厂有限公司	
开　　本	787mm×1092mm　1/16	
印　　张	9	
字　　数	190千字	
版　　次	2021年5月第1版　2021年5月第1次印刷	
书　　号	ISBN 978-7-5192-8443-5/P · 4	
定　　价	120.00元	

忻 歌

陈 颖

陈 颖

施 韡

林芳芳

孟 冉

王 晨

鲍其泂

胡志承

CONTENTS

CONTENTS

目 录

1

引　言

上海天文馆（上海科技馆分馆）是上海"十三五"期间重大市政文化公益项目和重要科普基础设施，位于中国（上海）自由贸易试验区临港新片区，占地面积 5.8 万平方米，建筑面积 3.8 万平方米，2021年建成后将成为全球建筑面积最大的天文馆。建设上海天文馆是提升公众科学素养、建设创新型国家的需要，是完善城市功能、满足上海建设国际大都市的需要，也是助推临港建设、服务地区文旅经济发展的需要。

　　上海天文馆将集收藏展示、观测研究、科普教育三大功能为一体，致力于提升公民科学素养，关注青少年创新实践能力培养，力争成为国际一流的天文科普传播中心、宇宙科学体验中心、科学文化交流中心和社会创新实践中心。它将以"塑造全面的宇宙观"为愿景，以"激发人们的好奇心"为使命，充分应用各种最先进的技术手段，通过精彩的展示体验和丰富的教育活动，结合丰富的陨石、文物、航天实物等，帮助观众建立完整的宇宙观，鼓励人们感受星空、分享发现、理解宇宙、思索未来。

　　要建设一座 21 世纪国际一流的天文馆，我们面临着诸多挑战。从社会背景来看，我们正身处于一个文化观念和技术发展剧烈变革的全新时代，人类对自然科学的探索日新月异，不断刷新我们对世界的认知；互联网、社交媒体、人工智能、大数据等新兴产业和技术的蓬勃发展，彻底改变了社会生产和生活的方式；公众对非正规教育和文化休闲方式的高品质、多元化、个性化需求与日俱增。从行业发展来看，天文馆作为专题性科普场馆的一种类型，在我国目前仅有北京天文馆一座，在全世界范围内也并不多且大部分建设年代较早，内容涉及领域相对狭窄、展示教育手段较为传统，上海天文馆的建设显然无法找到可以直接借鉴的成熟案例。从内部机制来看，地处于远郊的上海天文馆应该如何吸引观众、保持稳定的客流，充分地发挥社会效益？它又该如何与位于市中心的总馆上海科技馆、同为分馆的上海自然博物馆建立畅通高效、统分合理的管理运营模式？

作为承担上海天文馆建设任务的团队，我们必须在建设初期进行深入调研和认真思考，对一些关键性的问题和技术做好预研工作，以更加科学的态度和充分的准备来应对各种挑战。在上海市科学技术委员会的资助下，经过两年多的时间，我们完成了"上海天文馆展示工程关键技术研究"课题研究工作，以建设"21世纪国际顶级天文馆"为目标，聚焦于"体验"与"技术"两个核心，为上海天文馆的建设提供必要的理论依据和技术支撑。

之所以选择"体验"和"技术"这两个核心，是因为"体验"是观众参观行为的综合感受，是我们要为之努力的目标。我们只有明确需求、科学分析、找准痛点、精准施策，才能最大程度提升观众的体验；而"技术"是支撑我们实现目标的手段，只有将制约创新的关键技术研究透彻、逐一突破，才能拥有核心竞争力，真正实现我们的目标。具体而言，课题研究主要针对上海天文馆未来观众的参观体验进行了研究和规划，并对项目建设中所涉及的几个重大设备和创新性项目的关键技术如一米望远镜、太阳望远镜和天文数据可视化、智慧场馆等进行了研究。本书即是对课题中涉及"观众体验设计"和"智慧天文馆"相关内容研究过程和成果的综述。

　　体验的概念最早源自体验经济。体验经济是从初级产品经济、商品经济、服务经济发展至今的第四种经济产物，是服务经济的延伸，如今已经成为一种非常重要的新趋势。体验是内在的，强调个体拥有独立的感受力，是个人在形体、情绪、知识上参与的所得，储存着生活记忆与经验。

　　体验的这一突出的经济价值也引发了世人对体验设计的关注。体验设计，有利于在同质化现象愈发显著的市场中，帮助经营者们找到其合适的经营策略，为公众提供更好的产品体验服务。为了满足不同类型受众的体验需求，体验设计认为"定制化服务可以是一种展示某一积极体验的确定途径"。这一思想理念在博物馆行业中也正在逐步体现，好的博物馆设计一定是具有独特的体验模式和体验感受的，参与性与接触性的根本特点得到充分体现，甚至博物馆因此而具备独特的传播模式。体验设计可以让我们的体验故事更动人，也更加简单易懂、深入人心。从全球来看，有些博物馆会进行区域或项目的局部性的体验设计，但尚未有博物馆在建设初期就进行整体性的体验设计规划，并最终按项目逐一实施落地。

　　上海天文馆首次将体验设计引入博物馆的建设规划设计中，并通过信息技术、心理学、展示设计等多学科交叉研究，来开展对未来天文馆观众参观体验的预测性研究，提出相关的建议来指导天文馆的建设。

　　课题组研究了上海天文馆所在的临港地区的发展规划，对未来 5~10 年上海天文馆周边发展状况以及可能的居住人口数量、类型进行分类与评估；并通过对上海天文馆潜在观众的行为调研与分析，对不同类型观众的参观体验目的、体验需求进行分类；再借助心理学研究方法，通过对不同类型观众在参观过程中的行为反应以及参观动线进行研究，构建出不同类型观众在未来上海天文馆参观体验的理想模型；最后，归纳出观众体验的关键点，将抽象的理想模型转化为具有实际操作性的指导策略和实施路径。

通过课题研究，我们为上海天文馆的未来观众设计了一个"全覆盖、全过程、全感官"的参观体验平台，为不同的观众提供个性化的参观服务，搭建参观的"前—中—后"闭合体验过程，并实现眼见、耳闻、手动、心动的全感官体验。

1.2 博物馆 + 智慧

互联网实现了全球信息的同步更新，使世界趋于扁平化；移动互联技术使人们彻底从空间和时间的束缚中解脱出来；物联网改变了"人"与"物"的交互方式；大数据使每个人都成为数据的提供者及获取者；人工智能则在使机器变得聪明的同时，让个性化服务变得更加容易实现……现代博物馆发展同样驶入了一个全新的虚拟互动和数字化管理的智慧新时代。

智慧博物馆将以数字博物馆为基础，充分利用物联网、云计算、大数据、移动应用等新媒体技术，构建出以全面透彻的感知、宽带泛在的互联、智能融合的应用、个性定制化服务为特征的新型博物馆形态。智慧博物馆不再像传统博物馆那样以藏品展示为中心，也不像数字博物馆那样以数字资源建设与展示利用为核心内容，而是注重以需求为驱动，强调"物"与"物"、"人"与"物"以及"人"与"人"的信息交互，提供"物、人、数据"三者之间的双向多元信息交互通道，借助物联网、云计算、大数据，实现以人为中心的信息传递模式和智能化的信息处理与分析，从而实现博物馆服务、保护和管理的智能化自适应控制与优化。

当前的智慧博物馆建设尚处于起步阶段，往往集中于场馆展示的数字化呈现、场馆信息发布的移动应用等某些智慧触点，尚未形成全面、整体的智慧场馆规划，从展示到教育、从物到人的完整的信息链还未得到有效整合和串联。为实现智慧场馆的前瞻规划和系统建设，本课题研究通过文献检索、内容分析、问卷调查、深度访谈等多种调研手段，了解国内外同类场馆信息化、智能化建设现状与发展趋势。同时，为了打造更自然的"人"与"物"沟通以及信息无处不在的场景，实现更透彻的感知、更全面的互联和更深入的智能，课题研究以前沿信息技术和新媒体技术的应用为基础，结合上海天文馆本身展示内容和互动性的实际需要，对未来天文馆内应用人工智能、生物识别、物联网、虚拟现实等高新技术的展品、展项进行规划，力争使智慧项目在天文馆管理、服务、展示、教育等多个层面实现项目落地和信息互联。

上海天文馆的智慧场馆建设规划研究遵循"需求引导、总体规划、分步实施、项目落地"的规划原则，确定智慧天文馆建设目标和主要内容，选择和制定实现目标的路径和保障措施，梳理信息化建设重点项目内容、规模、周期和实现方式等，并提出建设、运营和服务体系改进建议。通过课题研究，我们进一步加强了智慧天文馆建设的统筹力度，在"三馆合一"的大背景下，基于上海科技馆、上海自然博物馆的现状与经验以及"智慧科技馆"建设的总体战略，研究并确定上海天文馆开馆时的重点智慧项目，避免与总馆的智慧场馆项目重复建设，实现三馆整体统一的规划、管理和运营。

1.3 博物馆 + 智慧体验

在课题研究的初始，我们成立了两个课题小组分别对"观众体验设计"和"智慧天文馆"两个方向展开研究工作。两个课题小组分别开展了观众需求调研，并通过一系列的研究来确定工作原则和解决方案。随着工作的深入，我们越来越感觉到这两个研究方向在上海天文馆项目中有着密切的关联，在某些领域甚至互为依托、互相交融。因此，在课题研究的后期阶段，我们在两个小组间建立了常态化的联系机制，共同分享信息和数据、共同开展讨论，并形成结论和决策建议。

观众的参观体验包括物理空间（线下）和虚拟空间（线上），其中物理空间的体验与场馆建筑、展览活动、服务设施等紧密相关，虚拟空间的体验则与参观前、中、后的全方位、全流程的智慧化信息服务密切相关。

今天的我们或许已经很难找到一个纯粹只有物理属性的事物，只要你愿意，你可以在任何事物之间建立起数字化的联系。比如，我们可以用眼睛欣赏博物馆建筑、用手触摸展品、用耳倾听语音介绍，但我们也可以通过 AR 软件来解析博物馆建筑的设计理念、理解设计师的精巧构思；

通过手机上的智能导览程序，轻松地进行路线导览、停车位查询、餐厅预订；我们还可以通过生物识别技术绑定自己的身份，建立自己的专属档案，留下每次的参观记录，并通过大数据分析获得精准的个性化信息推送服务。

可见，在信息化时代，博物馆的体验和智慧已密不可分。想要提升博物馆观众的参观体验，除了做好传统物理空间的硬件服务之外，突破的关键更在于虚拟空间信息服务的智慧化程度。而我们在上海天文馆项目中所努力的目标，就是为观众构建更为智慧化的参观体验。

本书将以上海天文馆为例，对博物馆智慧体验的需求、指导原则、实施路径等进行初步探索，希望我们的工作能够为项目建设提供依据和指导，并为更多的科普场馆、博物馆提供相关领域的借鉴。

2

需　求

2.1 以需求为导向开展研究

近年来，各种信息技术及新型体验方式运用于博物馆，希望能为博物馆的发展不断注入新鲜感并保持一定的先进性。自2007年智慧博物馆的概念提出后，博物馆人更是迫切地希望能为观众打造一种智慧化的体验模式。然而发展至今，这一模式的打造并未取得实质性的进展。究其原因，我们发现博物馆的智慧化建设时常走入"技术导向"的误区，即往往着眼于如何将更多的信息技术应用到博物馆中来，而忽视了博物馆和公众对智慧博物馆的真正需求。由于缺乏功能需求的指引，这类博物馆的智慧化发展往往是技术的简单应用和叠加，改变的仅仅是博物馆内容的呈现方式和信息传输方式，并没有本质地超越由"物"（展品、藏品）到"人"（观众）的单向线性传播模式，缺乏在智慧层面上全面、深度的交互和体验。博物馆的管理者无法获知观众的情感反馈和认知反馈，观众、展品、博物馆三者没有建立起有效的关联，信息数据也就无法为博物馆的决策和提升做出贡献。

本研究从上海天文馆智慧化发展的全局角度出发，立足于"观众体验"，对天文馆观众的需求进行前置研究，从不同维度全面了解观众的行为方式和需求偏好，以期为提出从智慧化角度提升观众综合体验的策略方案和设计原则提供线索和方向。

2.2 研究理念和方法

本研究引入当下流行的用户体验设计理念，以定量研究为基础，结合多种定性研究方式，分阶段（初级阶段、洞察阶段、提炼阶段）进行研究。用户体验设计是以用户研究为中心，从产品用户的角度出发，体现的一个过程概念。这个"过程"和用户之间产生了互动，在交互的过程形成了一个有机整体。

如前文所述，本研究从一开始即分为两个课题小组同时开展调研。"观众体验设计"小组侧重于了解不同观众对于未来天文馆的体验需求和期待；"智慧天文馆"小组侧重于在观众体验方面如何选择和制定实现提升的路径和保障措施。我们比对了两组研究中的相关部分，并得出通过智慧手段来实现观众体验提升的策略和方法。

2.2.1 定性研究

从观众的参观流程切入，通过线上资料调研、专家访谈、实地调研等方法，对比分析国内外类似场馆的发展现状，挖掘相关的设计机会点，了解用户体验流程中涉及哪些触点和关注点。本阶段主要通过头脑风暴、访谈、场馆调研（线上和线下）、科技馆服务运营框架梳理等调研方法开展，通过大量的资料收集为后续问卷设计和数据分析打好坚实基础。

1. 头脑风暴

头脑风暴法又称智力激励法、BS 法、自由思考法，是由美国创造学家 A.F. 奥斯本（A.F.Osborn）于 1939 年首次提出、1953 年正式发表的一种激发性思维的方法。在研究的每一个阶段均会运用到此法，以期开阔思路，粗略地提炼分析，明确调研的可能方向。

（1）方法概述

头脑风暴法可用于设计过程中的每个阶段，在确立了设计问题和设计要求之后的概念创意阶段最为适用。这种方法通常将具有相关科研能力和知识素养的人集中组成一个小组，进行集体讨论，相互启发和激励，引起创造性设想的连锁反应，产生尽可能多的创意。

头脑风暴执行过程中有一个至关重要的原则，即不要过早否定任何创意。因此，在进行头脑风暴时，参与者可以暂时忽略设计要求的限值。当然，也可以针对某一个特定的设计要求进行一次头脑风暴。

（2）应用目的

头脑风暴法以收集创意为目的，通过对提出的设想方案逐一进行客观连续地分析，以寻找切实可行的最佳方案。头脑风暴法采用了没有拘束的规则，让参与者能敞开思想、自由交流、思维高度活跃，更易进入思想的新领域，从而产生很多的新观点和问题解决的方法，达到"1+1>2"的效果。

（3）应用过程

一次头脑风暴一般由一组成员参与（4～15人为宜）。在头脑风暴过程中，必须严格遵守以下四个原则。

☑ **延迟评判**：在进行头脑风暴时，每个成员尽量不要考虑实用性、重要性、可行性等诸如此类的因素，尽量不要对不同的想法提出异议或者批评。该原则可以保证最后能产出大量不可预计的新创意。同时，也会保证每位参与者不会觉得自己受到侵犯或者觉得他们的建议受到了过度的束缚。

☑ **鼓励"随心所欲"**：可以提出任何能想到的想法——"内容越广越好"，必须营造一个让参与者感到舒心的氛围。

☑ **"1+1=3"**：鼓励参与者对他人提出的方案进行补充改进。尽量以其他参与者的想法为基础，提出更好的想法。

☑ **追求数量**：头脑风暴的基本前提假设就是"数量成就质量"。在头脑风暴中，由于参与者以极快的节奏抛出大量的想法，参与者很少有机会挑剔他人的想法。

2.专家访谈

由于受到各方面条件的限制，研究者无法一一亲历国内外的优秀场馆，但通过调查、访谈博物馆及相关领域的专家，我们可以间接地获得很多优秀的行业经验和前沿信息。

（1）方法概述

用提问交流的方式，了解用户体验的过程就是访谈。专家访谈则是以专家作为索取信息的对象，依靠其知识和经验对问题做出判断和评估。最大的优点就是简便直观，特别适用于缺少信息资料和历史数据，而又较多地受到社会、政治、人为因素影响的信息分析与预测研究。

（2）应用目的

通过访谈天文、城市规划、建筑设计、自媒体、戏剧、沉浸式舞台、商业资讯等领域的专家，了解他们对一个场馆的参观过程、参观感受、场馆印象、个人经历等，了解他们对于国外场馆的体验感受。

（3）应用过程

访谈的结构为沙漏型：从最一般的信息开始，然后慢慢深入到具体的问题，最后回归到较大的观点并以一个摘要作为结束。在整个过程中，我们都保持录音的记录和时间的把控。在访谈过后我们对录音和记录内容进行整理，为日后的分析做准备。以下是将一个标准访谈过程划分为五个阶段的方法。

☑ **介绍**：所有的参与者进行自我介绍。这样可以使被访者快速放松下来，并将访谈者塑造成一个中立但有同情心的个体。

☑ **暖场**：任何访谈中的暖场都用来让人们从常规生活中抽离并关注于思考被访问内容且回答问题。

☑ **一般性问题**：第一轮针对国外场馆的问题集中于场馆体验以及对待这个场馆的态度、期望和假设。尽早问这些问题是为了避免访问者的主观预期对被访者的回答造成影响。这一阶段我们会让专家讲一讲他们在自己推荐的场馆中的一些亲身感受、有趣的见闻等。

☑ **深度关注**：在这一阶段，我们就场馆周边环境、交通、门票、展项、教育活动、馆内服务、信息获取等几个详细的方面让专家做具体的解释，挖掘更深入的内容。

☑ **回顾总结**：这个阶段让人们从更广的层面对场馆的体验进行评估，我们在这个阶段让专家对上述提问的几个方面对这个场馆进行打分，做出评估。

3. 博物馆人访谈

上海科技馆是一个集群化的自然科学博物馆，下辖上海自然博物馆和上海天文馆两个分馆。由于展示主题、目标观众和所处地域相似，一些基本的观众需求和喜好具有一定相似性，为此课题组对三馆相关部门负责人和工作人员开展了访谈。

（1）方法概述

调查涵盖馆领导以及三馆相关部门，涉及的部门涵盖了展示教育、场馆运行、综合管理、信息化等，每个部门兼顾部门领导及相关工作人员，访谈人数共计 29 人，基本能够反映目前存在的一些问题以及对未来场馆的基本需求。

（2）应用目的

上海科技馆开馆至今已近 20 年，上海自然博物馆分馆也已开馆 5 年，两馆在多年的场馆运行和展示教育服务方面积累了大量经验，对于运行及观众的需求有着全面认识。我们通过与上海科技馆、上海自然博物馆（上海科技馆分馆）展示教育、运营维护等一线部门员工的深度访谈，了解上海科技馆和上海自然博物馆现有相关系统、服务、技术，分析其在实际运作过程中的优缺点；通过与上海天文馆（上海科技馆分馆）建设指挥部相关部门员工的深度访谈，了解上海天文馆在场馆管理和观众服务等方面的需求。

（3）应用过程

首先构建访谈提纲，然后选取 2~3 名人员进行试访谈，根据实际情况调整提纲、确定提纲。访谈对象涵盖相关的馆领导、处室领导和一线员工，可以触及不同维度的经验和认识，并特意同时选取两馆类似部门的访谈对象进行对比分析。访谈过程与专家访谈基本一致，也包括介绍、暖场、一般性问题、深度关注、回顾总结等几个步骤。

由于访谈对象来自不同的工作部门，其所熟悉的领域有所差异。而我们的访谈提纲比较全面，因此我们的访谈基本属于半结构化的访谈类型，即根据访谈对象的工作领域从访谈提纲中抽取其所熟悉的领域进行提问，被访问者可以自由地描述事件、态度、感受，提问过程中围绕被访问者的实际情况灵活调整问题次序、收集信息。

4. 场馆调研

（1）方法概述

场馆调研通过线上调研和线下实地考察两种方式，研究场馆的基本组织架构、如何布置展项、如何开展教育活动、如何利用信息系统和智慧场馆建设提升观众体验等详细内容。

（2）应用目的

为了得到更加深入的国外场馆信息，进一步了解国外优秀场馆的组织架构、展品展项等方面的内容，搜集一手资料，为接下来的研究做准备。

（3）应用过程

一方面，我们通过线上资料搜索和线下实地考察等方式，对国内外29个场馆进行了调研（见表2-1）。重点对在场馆周边环境、交通、票务、展项、教育活动、馆内服务、信息获取、智慧博物馆（国家试点单位）等几个详细的领域做得比较出色的场馆进行调研，在调研时我们着重关注场馆的优势，搜集相关资料并进行分析。另一方面，我们寻找了一些专家们推荐的国外优秀场馆，对其进行了非常详尽的挖掘，并对部分场馆进行了实地考察。

表 2-1　调研场馆名单

调研方式	调研场馆
线下	中国航海博物馆
	上海玻璃博物馆
	上海汽车博物馆
	上海铁路博物馆

调研方式	调研场馆
	上海震旦博物馆
	上海龙美术馆
	厦门科技馆
	苏州博物馆
	成都金沙遗址博物馆
	秦始皇帝陵博物院
	陕西历史博物馆
线上	美国西雅图太平洋科技中心
	英国莱斯特国家航天中心
	比利时皇家自然历史博物馆
	美国库珀·休伊特国家设计博物馆
	美国格里菲斯天文台
	日本东京科学未来馆
	美国旧金山探索馆
	美国史密森尼国家自然历史博物馆
	美国科技创新博物馆
	大英博物馆
	伦敦博物馆
	荷兰国立博物馆
	荷兰莱顿自然博物馆
	中国科学技术馆
	广东科学中心
	浙江省自然博物馆
	重庆科技馆
	索尼探梦科技馆

2.2.2 定量研究

　　本研究所采用的定量研究主要为问卷调查方式。问卷调查是指调查者通过统一设计的问卷来向被调查者了解情况、征询意见的一种资料收集方法，在社会调查的各个领域中得到广泛应用。通过信息手段，借助网络平台开展线上问卷调查，不仅可在短期内收集大量信息，而且可以大大降低成本。

　　通过对观众人群的分类，了解不同类型人群的认知和需求，分析其行为模式及在全流程参观中的体验关键点，为下一阶段的体验设计和智慧场馆功能设计做好相应的准备。

　　"观众体验设计"和"智慧天文馆"两个课题小组分别在前期调研的基础上开展了问卷设计和观众调查。

　　1. "观众体验设计"问卷调查概况

　　"观众体验设计"课题小组在前期调研基础上对问卷进行了初步设计，主要分为用户基本信息、用户行为调研、用户偏好调研三大板块，并历时 2 个月，对问卷初稿进行了 3 次修改（如图 2-1）。

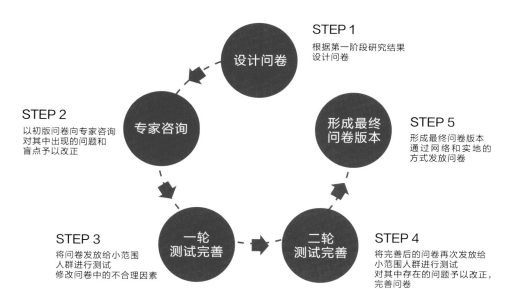

图 2-1　调查问卷修改完善过程

问卷初稿设计完毕后，在专家指导下就初版问卷中的问题和盲点进行第一次调整，随后将问卷发放给小范围人群进行第一次问卷测试，并根据实测结果第二次修正问卷中的不合理因素，然后再将问卷发放给小范围人群进行第二次测试，对其中存在的问题再进行改正完善。通过 3 次修正和 2 次小范围实测后，最终精选了 26 个问题形成问卷终稿，并通过"线上网络调研"为主和"线下定向走访"为辅两种形式完成问卷调研，最终共收到有效问卷 1438 份。

2. "智慧天文馆"问卷调查概况

由于中国的天文馆建设尚处于起步期，目前除了北京、香港、台湾，其他省份地区还没有参观现代意义上的大型天文馆。因此本次公众调研主要调研对象是华东地区尤其是长三角地区的科技馆潜在参观对象。

在专家深度访谈和员工访谈的基础上，课题小组对问卷做了初步设计，内容包括受访观众基本信息、场馆信息需求、智慧化功能需求三大类，共 16 个问题。在经过专家咨询和优化调整后，通过不同渠道进行发放。本次调研问卷的推广平台包括上海科技馆官方网站、微信公众号等，最终共收到有效问卷 1328 份。

考虑到普通公众对于本课题的具体研究对象——天文馆的认识程度还较低，本调研内容不直接针对天文馆的智慧场馆设计，而以调研观众对于理想中的智慧场馆所应具有的功能为主。

2.3 从问卷调查分析看观众需求

我们抽取了两个调查中与本书主题相关的问题进行对比分析，并将问题分为受访观众群体、基本信息需求、影响观众体验感的主要因素三种类型。

2.3.1　受访观众群体

2.3.1.1　"观众体验设计"问卷调查结果分析

Q1：您是否参观过博物馆？［是非题］
您最近一次参观的博物馆，它是什么类型的博物馆？［单选题］
A. 历史类
B. 科学类
C. 艺术类
D. 专题类

【结果分析】考虑到我们调研对象整体需要对博物馆比较熟悉，才能结合自身体验提出个人需求，因而此次问卷调查采取了定向分发的方式。在本次调查的 1440 份有效问卷中参观过博物馆的共 1319 人，占比 91.7%，在所调查的人群中 48.6% 最近一次参观的博物馆类型为科学类（如图 2-2、图 2-3）。

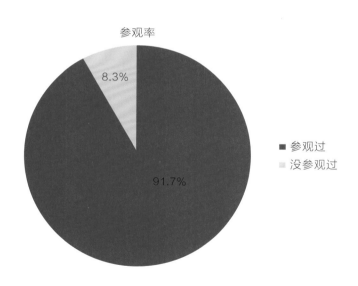

图 2-2　参观过博物馆的人数比例

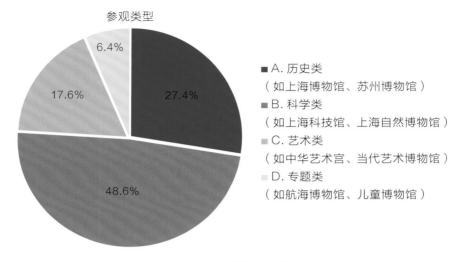

参观类型

- A. 历史类
  （如上海博物馆、苏州博物馆）
- B. 科学类
  （如上海科技馆、上海自然博物馆）
- C. 艺术类
  （如中华艺术宫、当代艺术博物馆）
- D. 专题类
  （如航海博物馆、儿童博物馆）

图 2-3　参观博物馆类型

Q2：平均一年中您参观博物馆几次？

【结果分析】根据专业人员指导，最大参观次数定为 30 次，超出这一频率以及回答经常和较多视为异常值，用 30 替代；回答不确定的用均值 3.1 代替。由以下统计表（表 2-2）和直方图（图 2-4）可以看出，参观人群的参观频率平均值为 3.14，中位数为 2，参观频率集中在 1~3 次 / 年，占比在 70% 以上。用人口统计学变量做交叉后发现，不同性别、不同年龄层人群参观频率差异不大；初中及以下学历的人群及硕士以上学历人群的参观频率明显高于高中人群；不同职业人群参观频率均值显著不同，在校学生博物馆参观频率明显高于普通职员白领。

表 2-2　受访者一年参观博物馆次数总体统计量

平均一年中您会参观博物馆几次？		
N	有效	1319
	缺失	0
均值		3.14
中值		2.00
标准差		4.030
极小值		0
极大值		30

注：本题主要针对有过参观经历的 1319 人。

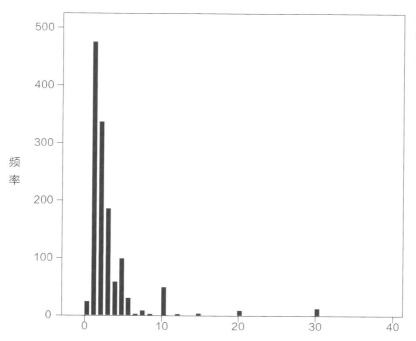

均值 =3.14
标准偏差 =4.03
N=1319

图 2-4　受访者平均一年参观博物馆次数

Q3：通常您参观博物馆的主要目的是？［单选题］

A. 获取知识，增长见识

B. 放松身心，缓解压力

C. 工作需要，学术研究

D. 教育子女（跳到 Q3.1）

E. 不清楚

F. 其他_____

Q3.1：您子女目前在读_____？［单选题］

A. 学龄前

B. 幼儿园

C. 小学

D. 初中

E. 高中

F. 大学及以上

【结果分析】在去过博物馆的人群中，选择参观目的为"获取知识，增长见识"的人群占比最高，为57.16%；其次为"放松身心、缓解压力"，占比为23.50%；再次为"教育子女"，占比12.59%（如图2-5）。回答其他的开放性答案还有陪伴家人或朋友、参加志愿者以及旅行等。

其中选择教育子女的人群中，89.76%的人子女就读于小学及以下（如图2-6）。

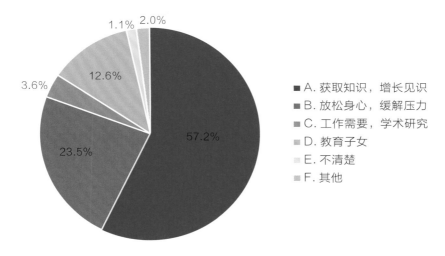

图 2-5　受访者参观博物馆目的

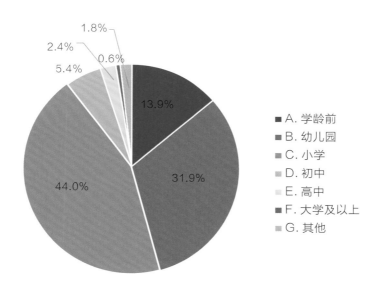

图 2-6　受访者子女就读情况

Q4：一般您与谁一同来参观博物馆？（最多选 3 项）[多选题]

A. 学校

B. 公司

C. 旅行团

D. 独自参观

E. 其他_____

【结果分析】69.70% 的人选择家人陪同参观，64.20% 的人选择了朋友陪同参观（如图 2-7）。

图 2-7　受访者参观博物馆同行对象

Q5：您对天文知识的了解程度？[单选题]

A. 天文学专业

B. 发烧友级别

C. 初级爱好者

D. 仅了解天文学常识

E. 一点都不了解

【结果分析】有超过一半的人为仅了解天文学常识，27.54% 为初级爱好者，另外对天文学一点不了解的占比 15.16%，比例相对较大（如图 2-8）。此比例分布说明天文学知识需要普及。

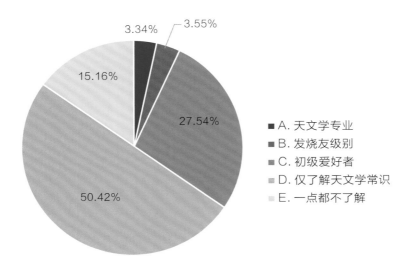

3.34%   3.55%
15.16%
27.54%
50.42%

■ A. 天文学专业
■ B. 发烧友级别
■ C. 初级爱好者
■ D. 仅了解天文学常识
■ E. 一点都不了解

图 2-8　对天文知识了解程度

2.3.1.2　"智慧天文馆"问卷调查结果分析

Q1: 您来自哪里（省份）?

【结果分析】本次调研上海区域的受访者所占比例最高，占比78.61%；其次是江苏、浙江，接下来是邻近东部省份如山东、安徽、江西等地，符合上海科学场馆的受众分布比例。另外由于上海作为中国沿海发达地区的发展程度最高的超大城市，本地居民对于互联网、智能设备的使用以及海外出游的比例较高，对于国外场馆、子女教育的认知程度较高。因此课题小组认为本次调研统计数据，具有一定的前瞻性，能够适应未来中国观众对于智慧场馆的需求。

Q2: 您的性别?

【结果分析】本次参与调查的观众之中，女性比例较高（见表2-3）。分析其原因，一般可以认为，在子女接受课外教育以及家庭外出游玩方面，女性有更强的关注度，在家庭中有较强的决策力。目前上海科技馆的主要观众人群仍是儿童以及陪伴出行的家长，女性在出游前，更重视潜在参观场馆的信息以及子女的场馆体验和相应的知识获取。因此在智慧场馆的实际设计中，女性观众的需求应该作为重要的研究对象加以重视，特别是年轻母亲的特殊需求，在设计网页风格、页面分布、微信端使用习惯方面，应重视女性的使用习惯。

表 2-3　受访观众性别统计

选项	小计	占比 / %
男	434	32.68
女	894	67.32
本题有效填写人次	1328	

Q3: 您的年龄？

【结果分析】在参与问卷调查的观众的年龄分布上，25~45 岁之间的观众占绝大多数，其中 26~35 岁的比例几乎占总体观众的一半（见表 2-4）。联系到之前的女性受访者较高的比例，可以认为受访者代表了 5~10 岁儿童的家庭的出行需求，家庭中的妻子的信息和需求可以作为整个家庭需求的代表。而父母年龄超过 45 岁的家庭，对科普场馆的需求目前还有待发掘。现阶段，整体场馆的智慧功能需求分析可以将年轻父母以及其子女的家庭整体作为其主要服务对象。同时，如场馆设计具有特色以及年轻流行元素，并且在宣传时注意青少年的流行热点的采集并将其与场馆结合，那么 19~25 岁的年轻人也将关注场馆的动态，并将其作为出游的目的地之一。

表 2-4　受访观众年龄统计

选项	小计	占比 / %
18 岁及以下	79	5.95
19~25 岁	157	11.82
26~35 岁	570	42.92
36~45 岁	434	32.68

选项	小计	占比 / %
46~60 岁	60	4.52
60 岁以上	28	2.11
本题有效填写人次	1328	

Q4: 您的受教育程度？

【结果分析】所调研的观众学历基本在大学本科以上，且相当部分在硕士研究生以上。考虑参与问卷的观众还有 7% 左右在 18 岁以下，应当为初高中学生（见表 2-5）。综合看来，参与调查问卷的观众的平均受教育水平远高于上海居民的平均水平。可以认为本次问卷反映了上海高层次观众的意向。

表 2-5　受访观众受教育程度

选项	小计	占比 / %
初中及以下	65	4.89
高中 / 中专 / 高职	74	5.57
大专 / 本科	932	70.18
硕士及以上	257	19.35

2.3.2　基本信息需求

2.3.2.1　"观众体验设计"问卷调查结果分析

Q1：在参观之前，您希望获取博物馆哪方面的信息？（最多选 3 项）[多选题]

　　A. 地理位置、公共交通

　　B. 馆内空间布局

C. 特色展品推荐

D. 展览、电影介绍

E. 特色活动（如讲座、工作坊）

F. 停车场、餐饮、住宿

G. 周边景点

H. 其他_____

【结果分析】观众最期望获得的博物馆信息为"地理位置、公共交通""特色展品推荐"，其余依次为"特色活动""馆内空间布局""展览、电影介绍""停车场、餐饮、住宿""周边景点"（如图2-9）。

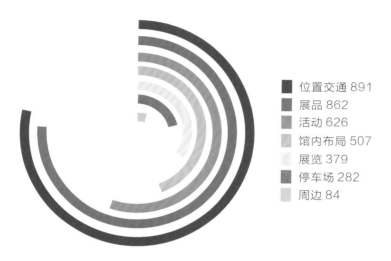

图例：
- 位置交通 891
- 展品 862
- 活动 626
- 馆内布局 507
- 展览 379
- 停车场 282
- 周边 84

图 2-9 受访观众期望获取的场馆信息

Q2：您会通过什么途径了解这些信息？（最多选 3 项）[多选题]

A. 博物馆官方网站

B. 博物馆公众号、官方微博等

C. 第三方旅游网站（如驴妈妈、携程等）

D. 新闻媒体

E. 朋友、家人介绍

F. 旅行社

G. 其他_____

【结果分析】由图 2-10 可知，选择官网和公众号的观众超过一半，是观众获取信息的主要途径。

　　对不同年龄段获取信息途径进行交叉分析后获得，7~12 岁以及 41 岁以上人群获取信息的途径主要为官方网站和朋友、家人介绍（主要原因是：7~12 岁群体接触电子设备较少，个人意识未完全形成，出行多由家长决定；40 岁以上人群不太会使用新型电子设备和软件。总体看来，官方网站是最重要的，需要重点设计和维护），如图 2-11 所示。

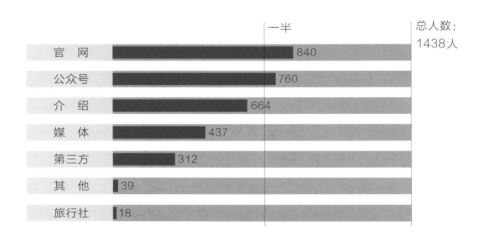

图 2-10　受访观众获取信息途径

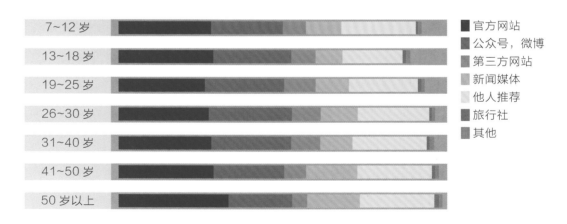

图 2-11　各年龄段受访者获取信息途径

Q3：您希望通过什么方式购买参观门票？（最多选 3 项）[多选题]

A. 现场购票

B. 旅行社代购

C. 博物馆官方网站订票

D. 第三方网站订票（如大众点评、携程等）

E. 手机 App 订票

其他_____

【结果分析】观众最希望通过 App 的方式购买门票，其余依次为现场购票、第三方购票、官网购票和通过旅行社购票，如图 2-12 所示。

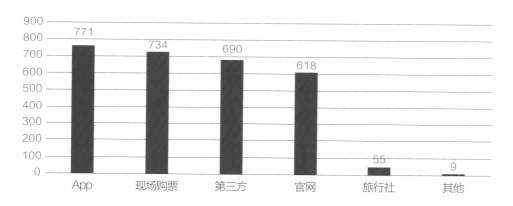

图 2-12　受访者购票方式

Q4：您希望提供哪些特色门票类型？（最多选 3 项）[多选题]

A. 年票

B. 儿童展区亲子年票

C. 家庭套票

D. 与周边其他场馆联票（例如航海博物馆）

E. 其他_____

【结果分析】参与调查的观众中，最有需求的门票类型为"家庭套票"，其余依次为"与周边其他场馆联票""儿童展区亲子年票""年票"等（如图 2-13）。经过交叉分析，还获悉与朋友一起参观的人群更倾向于联票，说明该类人群更倾向于参观完天文馆后可以再参观其他场馆。选择教育子女为主要参观目的的观众更倾向于购买亲子年票。

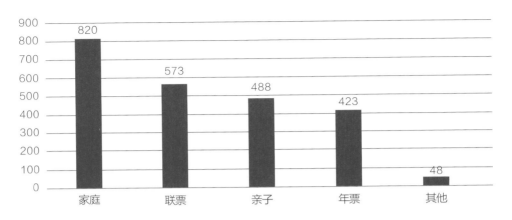

图 2-13 受访者期望提供的特色门票类型

Q5：您最喜欢以什么方式游览博物馆？［单选题］

A. 业内专家、达人带领参观

B. 馆内讲解人员带领参观

C. 语音导览器

D. 手机 App 导览

E. 纸质导览手册的推荐路线

F. 随心所欲，自行参观

G. 其他＿＿＿＿＿＿

【结果分析】观众更倾向于"馆内讲解人员带领参观"和"随心所欲，自行参观"两种参观模式（如图 2-14）。与家人及朋友一起参观的观众

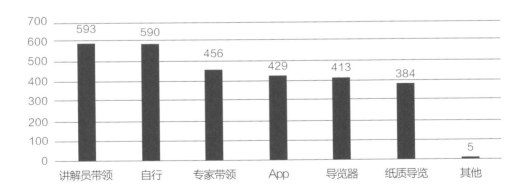

图 2-14 受访者游览博物馆的方式

更倾向于自行参观，与家人参观排名第二的是语音导览，与朋友一同参观的则选择了专家、达人带领参观。

Q6：在您最近一次参观的博物馆，您停留了多少时间？［单选题］

A. 1 小时以内

B. 1~3 小时

C. 3~6 小时

D. 6 小时以上

【结果分析】66.72% 的被访者博物馆停留时长在 1~3 小时（如图 2-15）。

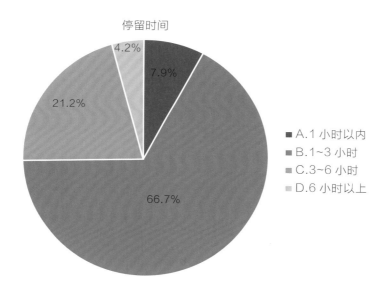

图 2-15　受访者参观博物馆停留时间

2.3.2.2 "智慧天文馆"问卷调查结果分析

Q1: 在参观博物馆前，通常会通过什么渠道了解场馆信息？（可多选）

【结果分析】在受访者选择信息平台的渠道上，受访者选择微信公众号和场馆网站的比例最高。由于我国目前微信的覆盖率很高，而微信平台以及平台上的小程序已经能够发布足够多的信息，同时兼容各种功能。

而网站平台，对于不了解目标场馆公众号的观众而言，是通过简单搜索就能获取的信息平台。这个平台的设计风格和水平，以及观众在上面能够获取的信息，能够帮助观众快速决策其参观的价值。场馆 App 由于需要下载，更多应用于、服务于多次来馆、需要进一步提升互动、参与更多教育活动的长期会员。而在旅游网站如大众点评等平台上对场馆的评价，也是新观众判断场馆是否有价值参观的重要依据。（见表 2-6）

表 2-6　受访者了解场馆信息的渠道

选项	小计	占比 / %
场馆 App	526	39.61
微信公众号	1084	81.63
官方网站	893	67.24
旅游网站（如大众点评、同程等）	492	37.05
其他	106	7.98
本题有效填写人次	1328	

Q2: 制定参观计划时，希望了解哪些信息？（可多选）

【结果分析】交通住宿信息：上海天文馆远离市中心，观众需要提前了解自驾路线、停车位动态显示、地铁班次、周边住宿信息等（见表 2-7）。

票务信息：除了应提供明确的票种、票价等信息外，还应提供博物馆会员或者联票式优惠等信息，同时给予网络购票一定程度的优惠，引导观众的消费习惯（见表 2-8）。

场馆信息：观众最关注的信息依次为常设展介绍、当前临展、上映影片，观众对于展览信息的关注度极高，在 90% 左右（见表 2-9）。

活动信息：观众最关注的信息依次为讲座 / 观测活动安排、活动预约方式、常规教育活动介绍（见表 2-10）。

a. 交通信息

表 2-7　受访者希望了解的交通信息

选项	小计	占比 / %	
公交线路	1060		79.82
行车路线	709		53.39
停车位	645		48.57
其他	116		8.73
本题有效填写人次	1328		

b. 票务信息

表 2-8　受访者希望了解的票务信息

选项	小计	占比 / %	
购票渠道	1017		76.58
票价	1124		84.64
票种	661		49.77
优惠活动	1172		88.25
其他	29		2.18
本题有效填写人次	1328		

c. 场馆信息

表2-9　受访者希望了解的场馆信息

选项	小计	占比/%	
常设展示	1201		90.44
当前临展	1159		87.27
上映影片	956		71.99
其他	82		6.17
本题有效填写人次	1328		

d. 活动信息

表2-10　受访者希望了解的活动信息

选项	小计	占比/%	
常规教育活动介绍	975		73.42
讲座/观测等活动安排	1120		84.34
活动预约方式	1067		80.35
其他	37		2.79
本题有效填写人次	1328		

Q3: 您喜欢纸质门票还是电子门票？喜欢什么样的购票方式？

【结果分析】相比于传统的纸质门票，受访者更倾向于电子门票（见表2-11）。如保留纸质门票，可通过印刷二维码或内置芯片的方式实现和手机端的交互功能。同时，观众已经完全习惯于通过网络购买门票，现场购票可作为网络购票的补充。

表 2-11 受访者喜欢的购票方式

选项	小计	占比 / %	
现场购票	232		17.47
网络购票	1096		82.53
本题有效填写人次	1328		

Q4：进入场馆后，您最希望了解哪些信息？（可多选）

【结果分析】观众进入场馆后最为关注的信息是"参观路线推荐""影院/剧场/活动时间表""楼层分布图"，说明观众对于场馆的产品信息以及适合自己的产品最为关注，十分重视提升自身的获得感（见表2-12）。

表 2-12 受访者进馆后希望了解的信息

选项	小计	占比 / %	
楼层分布图	1030		77.56
参观路线推荐	1152		86.75
馆内实时人流分布	754		56.78
影院/剧场/活动时间表	1098		82.68
文创产品	462		34.79
直饮水/餐厅/洗手间位置	846		63.7
其他周边配套设施	449		33.81
其他	37		2.79
本题有效填写人次	1328		

Q5：您希望通过什么方式预约天文馆内的剧场、教育活动等？

【结果分析】相对于传统的现场预约方式，观众更倾向于网络端的预约（见表2-13）。博物馆可在观众网络购票后，将热门展项的时间表发送给观众，帮助观众提前预约，在参观当日还可以提醒观众及时前往相应的展项。

表 2-13　受访者喜欢的活动预约方式

选项	小计	占比 / %
场馆 App	170	12.8
微信公众号	955	71.91
官方网站	143	10.77
现场预约	30	2.26
电话预约	29	2.18
其他	1	0.08
本题有效填写人次	1328	

Q6: 您喜欢什么样的讲解方式？

【结果分析】大多数观众希望通过人工的方式获取内容，因为这种方式较为亲近生动，同时可以与讲解员互动，能够直接解答观众的疑问（见表2-14）。但在观众人数较多、人工讲解无法满足需求的情况下，讲解器、微信讲解和 App 讲解都可解决人力有限的问题，如果能够提升机器讲解的智能化、个性化和交互性，就可吸引更多的观众。

表 2-14　受访者喜欢的讲解方式

选项	小计	占比 / %
人工讲解	490	36.9
讲解器	229	17.24
微信讲解	397	29.89
App 讲解	176	13.25

选项	小计	占比 / %	
不需要讲解	29		2.18
其他	7		0.53
本题有效填写人次	1328		

Q7: 在参观过程中，您认为通过手机实现下述功能的重要性如何？

【结果分析】观众认为以下功能的重要性排序为："在线预约和提醒"（53%），"智能导航和参观路线建议"（51.7%），"人流的分布和疏导"（40%），"展品展项简介和操作指导"（36%），"拓展性科学内容下载"（34%），"周边重点展项提示"（29%），"在线交流、咨询和意见反馈"（25%）。同时，受访者中认为"智能导航和参观路线建议"和"在线预约和提醒"最不重要的比例也最低，可以认为这两个功能是观众需求度最高的功能，即所谓观众痛点。

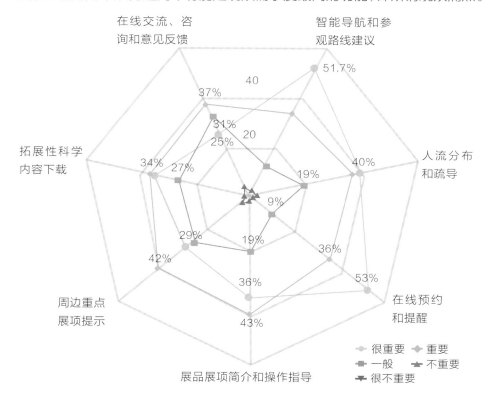

图 2-16　受访者确定的手机实现相应功能的重要性分布

2.3.3 影响观众体验感的主要因素

2.3.3.1 "观众体验设计"问卷调查结果分析

Q1：根据您最近一次博物馆参观经历，选出您对该博物馆的感受。

【结果分析】表2-15中各项及其数值为对博物馆体验整体分值的影响系数，系数越大代表影响越大，正值代表对整体有正向的影响（好），负值代表对整体有负向的影响（不好）。所以，根据调研，影响观众对博物馆整体正向体验感的体验因子依次为"购检票流程""环境""服务""信息获取""展项互动性""展项丰富度""交通""便民服务""参观路线""活动吸引力"，对观众整体体验的负面影响为"观众较多，展项需要排队"（如图2-17）。

对于选择参观目的为"教育子女"的群体，影响整体体验感的影响因子依次为"展项丰富度""信息获取""服务""便民服务""活动吸引力""展项互动性""环境""参观路线""交通""购检票流程""排队"。

表 2-15　受访者参观感受情况

描述	非常同意	同意	一般	不同意	非常不同意
能轻松获取博物馆信息，如通过官网、公众号等					
前往博物馆的交通便利					
购票与检票流程便捷					
馆内环境舒适					
馆内参观路线清晰					
观众较多，展项需要排队					
展项形式丰富多样					
展项互动性强					
举办的活动具有吸引力					
提供便民服务，如轮椅租借、手机充电等					
工作人员服务热情主动					
博物馆整体参观体验好，值得一看					

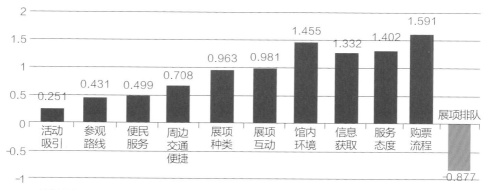

博物馆整体 =0.835+0.251 活动 +0.431 路线 +0.499 便民 +0.708 交通 +0.963 种类 +0.981 互动
+1.455 环境 +1.332 信息 +1.402 态度 +1.591 购票 −0.877 排队

图 2-17　观众参观体验回归分析

Q2：某博物馆中拥有以下几项展品，如让您选择参观其中三项，您会选择_____？（最多选 3 项）[多选题]

A. 实物标本、图片影像

B. 多媒体触控屏

C. 模型、演示装置

D. 人机互动装置

E. VR（虚拟现实技术）

F. 影院

G. 其他_____

【结果分析】 观众选择的排名前三的展品形式分别是："VR（虚拟现实技术）""实物标本、图片影像""人机互动装置"（如图 2-18）。说明观众对于前沿的科技、实物展品、可以参与的活动装置最感兴趣。其中，13~30 岁之间的观众更喜欢 VR 展示技术，对实物标本类的喜好与年龄呈反比递减。

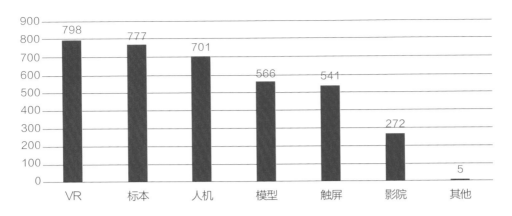

图 2-18　受访者选择参观展品情况

Q3：在参观互动类展项时，哪些因素会降低您的体验感受？（最多选 3 项）[多选题]

A. 展项互动过程过于复杂

B. 展项损坏，无法正常使用

C. 展项缺乏专业人员讲解

D. 排队体验人员过多

E. 展示形式趣味性不强

F. 展项需要另行收费

G. 展项需要提前预约

H. 其他_____

【结果分析】"排队体验人员过多""展项损坏，无法正常使用""展项需要另行收费"是影响观众参观体验的最主要因素（如图 2-19）。

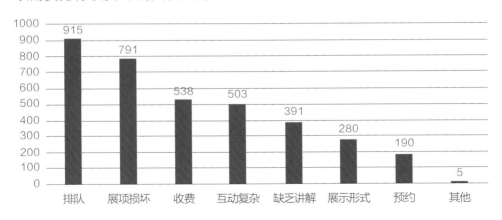

图 2-19　降低受访者参观体验的情况

Q4：您认为下面哪项服务最能够提升您对该天文馆的好感度？[单选题]（上海天文馆距离市区 70 千米，距离临近地铁站步行约 10 分钟）

A. 定制纪念品

B. 定制参观路线推荐（如经典展品路线、亲子游玩路线等）

C. 场地租赁（如用于天文主题婚礼、生日派对）

D. 市区班车服务

E. 其他_____

【结果分析】最能提升对天文馆好感度的亮点占比最高的为"定制参观路线推荐（如经典展品路线、亲子游玩路线等）""定制纪念品"，其次为"市区班车服务""场地租赁（如用于天文主题婚礼、生日派对）"等（如图 2-20）。

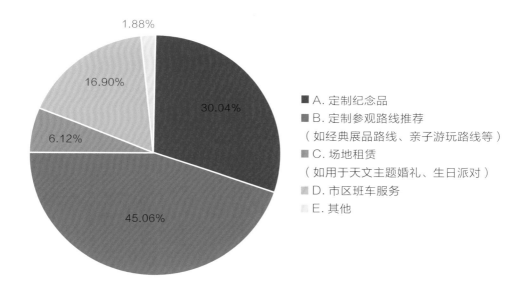

图 2-20　提升受访者对博物馆好感度的服务

Q5：如您参加上海天文馆举办的夜间观测活动，您希望获得哪些服务？（最多选 3 项）[多选题]

A. 住宿

B. 帐篷租赁

C. 观测设备租赁

D. 夜间巴士

E. 餐饮服务

F. 观测指导

G. 夜游天文馆

H. 其他_____

【结果分析】"帐篷租赁""餐饮服务""观测指导"是观众夜间观测最需要的 3 项服务（如图 2-21）。其中对天文仅了解常识的观众最关注观测设备的租借及观测指导，租借需求与对天文了解程度成反比。天文学专业人士对住宿较为关注。

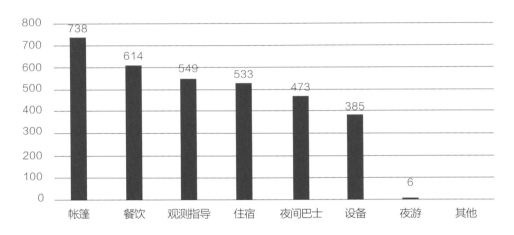

图 2-21　参加夜间观测活动希望获得的服务

2.3.3.2 "智慧天文馆"调查问卷结果分析

Q1: 国内外其他的博物馆或景点中，您认为哪些为您提供了人性化和智能化的参观体验？（开放式问答）

【调研结果】观众的答案可大致分为以下两类：

第一类是观众认为有参考借鉴价值的场馆或展览以及特点，本次提取了部分与智慧体验相关或者给予发展的内容。

国内场馆：在公众服务方面，主要包括展馆动态人数显示、多次出入章、App 预约、智能语音讲解、二维码扫描讲解、讲解路线信息推送、讲解区分成人和儿童、路线设置、分时段预约购票等。在展示形式方面，主要包括增强现实展项、数字馆、拟音亲身体验、门票包含互动信息、实物场景与档案影片结合等。

国外场馆：在公众服务方面，主要包括网站预约、临展信息网站介绍、参观中可以选择电子讲解的深中浅，由讲解器规划相应路线、细致的语音导航、延伸知识点、环球影城的排队系统、大量的触摸讲解屏等。

第二类主要是观众对未来场馆功能提出的希望。

☑ 网络购票、自助取票，与周围景点实行联动门票制。

☑ 建立多种模式的预约系统，包括临展或热门展项的预约。

☑ 向会员发送最新的展览信息和临展信息邮件。

☑ 增加短时外出功能。

☑ 随时显示各场馆的人流信息，方便参观者调整线路，节省参观时间、分流参观。

☑ 提供餐饮服务信息、天气信息。

☑ 为儿童专设通道和针对儿童的导览手册。

☑ 游览线路与场内时间需要合理化设置，参观过程中无回头路。

☑ 需要微信参观讲解、App 导览软件和智能感应讲解器，同时设置二维码扫描或者定位感应语音讲解，也可以辅助智能机器人讲解员讲解，人机互动，各展厅设置触摸屏引导屏。

☑ 提供足够的休息场所，设置足够的稳定 Wi-Fi 热点。

☑ 设置各种类型的闯关过关游戏，提升观众的体验。

☑ AR、VR、裸眼 3D、3D 打印等新技术在展示端的引入。同时不能用多媒体替代所有的图文版内容，深层次的展示信息可以以导览、语音讲解和书籍进一步深入。

2.4.1　观众深度访谈

1. 受访者筛选标准设计

高质量的样本意味着深度访谈具有更高代表性，因此我们设计了三个维度的样本筛选标准，让样本更具代表性。

（1）约翰·福尔克参观动机模型[1]

由于上海天文馆尚未建成，并没有真实的观众，因此我们参考了约翰·福尔克（John Falk）在博物馆观众研究方面的动机模型假设理论。从五类动机假设出发，也就是说，最终的受访者必然会覆盖到这五类动机。五类参观动机具体如下。

☑ **探索者**：因为好奇而去天文馆。

☑ **指导者**：为了别人而去天文馆。

☑ **业余 / 专业者**：和天文相关的专业或业余爱好者。

☑ **体验者**：觉得有趣，希望获得更加丰富的体验而去天文馆。

☑ **恢复者**：为了调整心态，获得某种安慰、舒缓的情感而去天文馆。

（2）丰富的博物馆参观经验

越是经验丰富的观众，对于提出新概念、产生新创意越有帮助。他们对博物馆，甚至相关行业有更多的知识和体验，也就更加了解前瞻性的创意和趋势。而经验相对欠缺的观众更接近大众，更加适合参与新概念和想法的验证，检验想法是否可以被大众所接受，而非前期探索。

（3）对天文不同的喜爱程度

可以区分为热爱、一般、排斥等不同级别，以便兼顾不同类型受众的需求。

2. 样本数量确定

深度访谈的样本量到底多少比较合适呢？为什么小样本容量可以满足研究需求？目前学术上已经有一些解答。首先，定性研究讲究的是信息的饱和度。信息饱和度指的是一个问题的所有可能性。当我们研究前几个人的时候，会发现收获到很多不同的信息；当我们访谈了 4~5 个人的时候，会发现受访者说的内容、话题、观点，与之前的用户出现了重复，这就意味着信息开始饱和，也意味着我们可能花了大量的时间，但发掘出来的新信息和内容却是很少的。[2] 这时候，我们基本上就会停止增加受访者的样本量。因为再继续，只会浪费时间和成本。[3]

当然理论上是人越多越全面，但是用户有着普遍的共性，所以，一般深度访谈的样本量会控制在 5~10 人。

于是我们通过筛选问卷、电话预访等形式对潜在受访者进行层层筛选，最终筛选出 8 位观众，开展一对一的深度访谈（见表 2-16）。

表 2-16　受访者基本信息

受访者编号	性别	年龄	职业背景	观众类型
EO1	男	27	星空导师	业余 / 专业者
EO2	女	24	服装公司职员	业余天文爱好者
EO3	男	18	学生	业余 / 专业者
EO4	女	28	文创设计师	探索者
EO5	女	26	律师	体验者 / 恢复者
EO6	女	31	景观设计师	体验者 / 恢复者
EO7	男 + 女	35	技术 + 文职	指导者（父母）
EO8	女	42	家庭主妇 + 创业	指导者（母亲）

3. 访谈提纲设计

本次深度访谈，我们期望从观众角度了解参观动机，对天文馆的认知，观众对博物馆、天文馆的餐馆经验以及对于上海天文馆的期待。具体的访谈提纲梗概和目的如下：

① 了解受访者基本信息、日常生活。

② 挖掘休闲娱乐活动的符号学意义以及行为、决策过程、核心观念等信息。

③ 挖掘天文的符号学意义、天文爱好的兴趣历程。

④ 挖掘去馆 / 看展的符号学意义、动机、决策过程，了解参观体验。

⑤ 了解对上海天文馆的期待。

4. 用户需求分析

通过对 8 位用户的体验需求进行归纳和总结，我们发现大致上可以分为三大体验需求类型：整体观展体验需求、场馆服务体验需求、天文内容体验需求。

（1）整体观展体验需求

① 要美，要有品质感、新鲜感、新奇感、震撼感、成就感、群体归属感；

② 要有主题性；

③ 要有沉浸式的体验；

④ 要能够打开思维，引起反思；

⑤ 要能够舒缓压力，特别是城市生活带来的压力；

⑥ 要能够丰富阅历；

⑦ 要有夜间活动。

（2）场馆服务体验需求

① 人要少，环境要安静，要有博物馆参观文化；

② 要有不同组合的饮食选项，不能只有一种选项；

③ 要有充分的场馆相关信息介绍；

④ 要有有趣、好玩、丰富的衍生品店；

⑤ 要考虑到小朋友参观的各方面需求；

⑥ 要和天文、太空有联系。

（3）天文内容体验需求

① 天文内容要与生活有联系；

② 天文内容要简单易懂；

③ 要有多层面的互动和体验（视觉、听觉、肢体行动、交流等）；

④ 呈现要美要精致；

⑤ 要能够看到天文景象；

⑥ 要有针对小朋友的内容服务。

2.4.2　博物馆管理人员深度访谈

上海科技馆目前已拥有科技馆、自然博物馆两座场馆，在场馆运行和展教服务方面积累了大量经验，我们对馆内展教、运保、信息、科研等一二线部门的 29 位中层干部和员工代表展开访谈，了解他们对智慧天文馆在场馆管理和观众服务方面的需求和建议，总体上可以概括为以下几个方面。

1. 场馆运行管理

采用建筑智能管理系统(IBMS)和三维动态实况模型(BIM)，对楼宇、消防、办公等实现智能化监控和管理；实现消防、安防等系统的智能监控联动一体化，并具备紧急报警和远程诊断功能；对物业、安保人员实行定位联动管理；建立物流跟踪系统，对固定资产和维修配件进行全程电子跟踪。

2. 展品展项管理

实现展品展项的集中控制和分类、分区管理；建立展品展项实时监控平台和设备信息数据库，设置一键开关机、故障报修、远程维修、质保期提醒等功能；通过技术时段实现观众自助参观的最大化，通过个人智能终端和无线传输技术与展品展项充分互动，鼓励观众参与反馈展品状态。

3. 天文观测和大众科研

天文观测是天文馆的特色，需要建立观测设备的自动化操控、图像自动处理、数据自动传输和存储等功能；需要对观众开放实时天象观测、数据远程下载、观测预约、科研项目申请等功能。

4. 观众服务

建立会员服务信息化；使用智能手环等提供差异化服务；能根据观众需求生成智能化参观线路，提供个性化导览服务；建议新媒体讲解和传统讲解并存，并考虑残障人士的需求；信息推送应尊重观众意愿，在合适的时间推送最关键的信息；设置多功能电子票，积极推广网上售票取票，采取多种预约方式并集中管理；完善网络报名和预约功能，加强线上活动的互动性。

5.观众参观数据采集和公众调研

实现观众基本数据、参观路线、停留时间的智能化数据采集和身份认定，开展客流的实时智能数据分析；设立观众调研和意见反馈系统。

从观众调研和管理人员访谈情况来看，未来天文馆的观众群体主要是以儿童和家庭为主，这部分群体的需求主要是便捷化的信息获取和人性化的场馆服务，并要求各类服务都能接入移动互联网。博物馆管理人员对智慧天文馆需求的理解则更为全面深入，在未来的工作中我们可以结合两者的需求来考虑体系的构建。

2.5 从国内外场馆案例分析看观众需求

虽然目前尚未出现完全成熟的智慧博物馆形态，但国内外博物馆智慧体验方面也都做出了一些尝试和探索。这些已经实现的案例，结合了博物馆自身功能需求并取得了一定成效，可以在一定程度上体现出公众在博物馆智慧体验方面的需求。

2.5.1 从展品数字化到开放共享

国内外博物馆在馆藏信息的数字化工作方面均已开展了大量工作，包括影像采集、信息录入等藏品信息数据库的建立，并通过射频识别（RFID）等手段建立馆藏出入库等动态信息管理。以往受到观念和技术的限制，博物馆藏品信息均被局限于博物馆内部或行业内部，不向公众开放。但随着博物馆社会教育功能的不断提升，以及信息和网络技术的日臻完善，博物馆藏品的数字化信息向全球观众开放共享已是大势所趋。

值得关注的是，国外博物馆不仅仅满足于本馆藏品的信息化，更注重建立博物馆行业之间的信息共享，同时还鼓励公众参与到藏品数字化工作中，或利用藏品信息进行二次开发和利用，以达到更好的教育传播作用。

【案例 1】苏州博物馆的陈列展览 [4]

苏州博物馆对陈列展览以及临展进行数字管理，一方面展品信息能够为不同系统（如智能导览、触摸屏等）所使用，实现展品信息的实时同步，工作人员可以在系统中编辑和发布展览信息，并通过信息推送模块向相关观众推送展览信息；另一方面建立临展档案，对以往临展资料可以进行追溯和查看，实现永不落幕的展览。

【案例 2】广东省博物馆向公众开放数字化藏品信息

广东省博物馆已建成藏品管理系统、数字资源管理系统、业务项目管理系统、办公自动化等。其系统在快速获取信息、信息高度整合、跨部门业务操作等方面做了较多的探索和实践，其藏品信息对全馆开放，将研究部、图书馆和自然部等部门与藏品管理业务进行整合，使其可以在同一个系统中进行跨部门业务操作，大大提高了工作效率。同时广东省博物馆向公众开放了大量的馆藏信息，还可以下载一定清晰度的藏品图像。

【案例 3】荷兰莱顿自然博物馆采用众包方式开展藏品信息化工作

莱顿自然博物馆将藏品的数字化和信息共享视作自身重要的社会责任，目前已完成了馆藏 4200 万件标本的数字化，所有的藏品信息都是完全开放的，任何人都可以无条件使用。新标本的数字化将成为常态工作，其中 10 万件标本已完成了元数据采集，正在添加剩余 30 万件标本的元数据。10 年内还将与欧洲 6 个主要自然历史博物馆实现藏品信息的数据共享。值得一提的是，该馆的藏品数据录入实际上采用了众包的形式，通过网络平台让喜爱藏品的公众进行信息录入的工作。

【案例 4】荷兰国立博物馆鼓励公众利用藏品信息做二次开发

藏品数字化是荷兰国立博物馆的特色之一。博物馆工作室提供了 25

万份珍贵馆藏高清图供艺术爱好者免费下载并鼓励二次开发，如印在 T 恤上、喷绘在车子上、做成手机壳等。

2.5.2　从参观行为研究到参观体验的提升

智慧博物馆的另一个先进性特征体现在公众的参观体验上，主要通过了解公众需求提供定制化服务，引进先进展示技术提升展览中的交互体验，并以此指导分析参观者的行为，改进互动方式等。

国内外博物馆在新媒体技术与展览展示的融合方面，通过智慧感知分析参观者行为、了解观众需求、提供定制化导览、获取实时信息等方面均打造出比较成功的案例。国外博物馆更加注重观众在导览过程中的参与度。

【案例 1】故宫博物院端门数字馆的全新博物馆体验[5]

端门数字馆是立足于真实的古建筑和文物藏品，通过精心采集的高精度文物数据，结合严谨的学术考证，把丰富的文物和深厚的历史文化积淀再现于数字世界中。首个数字展览即端门数字馆的常设展，以"故宫是座博物馆"为主题，分为三部分，包括讲述"从紫禁城到博物院"的数字沙盘展示区、以数字形式与观众零距离互动的"紫禁集萃·故宫藏珍"数字文物互动区、让观众感受紫禁城建筑魅力的"紫禁城·天子的宫殿"虚拟现实剧场。观众在这里走进"数字建筑"、触摸"数字文物"，通过与古建筑、文物藏品的亲密交互，探索它们本身固有的特性与内涵，获得比参观实物更丰富有趣的体验。

【案例 2】苏州博物馆针对观众兴趣推送信息

苏州博物馆在导览服务方面主要使用 App、网站以及微信，三者都具有预约功能，但从实际使用情况来看，微信的利用率最高。展厅设置了无线定位系统，会主动给观众推送相应展品信息，信息中也有结合文创产品的推送内容。推送的判定依据有两项：一是观众在展厅内的时长；二是观众是不是对一些感兴趣的关键字进行查阅，且注册用户和非注册用户的推送信息有所不同。观众的参观行为可以通过以上信息得以记录。

【案例3】秦始皇帝陵博物院实用射频识别技术开展观众行为研究

博物院在临展中使用射频识别手环开展观众行为研究。每次临展期间，通过志愿者向观众发放 1000 个智能手环（主要面向散客），通过手环记录观众的参观时间和路线，并通过展厅出入口的热成像系统记录观众人数，借此来分析观众的参观行为，并验证展项设置是否达到预期，研判改进方向。另外在展区内计划使用 iBeacon 蓝牙定位系统，记录观众的基本信息以及观展路线、停留时间等，从而可完成精确的观众行为分析，并了解观众的兴趣所在。

【案例4】美国旧金山探索馆利用手持设备提升观众体验 [6]

博物馆往往通过提供多媒体手持设备或者利用观众的自带媒体终端提供电子导览服务。旧金山探索馆是较早启动手持设备项目提升观众体验的博物馆，可以为观众提供展览信息、活动推介、动态的建议和推荐，并邀请访客使用书签为参观进行标记。该馆经研究发现，书签内容和后续访问存储的信息是该项目最受欢迎的功能，而活动推介虽然很受欢迎，但会干扰观众的正常参观，因此辅助的媒体设备应该用来支持观众的观察和学习。

【案例5】荷兰莱顿自然博物馆开展观众研究提供改造依据

莱顿自然博物馆很注重观众研究，并将这些研究结果作为老馆更新改造及新馆建设的参考依据。博物馆在出入口及各展厅入口安装了电子计数器记录客流情况；通过传统的书面问卷和访谈、电子和纸质观众留言板、监测社交媒体的观众反馈，统计网站和数据端口访问情况等途径了解观众满意度；馆方也与高校开展合作，尝试自动捕捉观众到馆和离馆时的面部表情；还在尝试采用更先进的技术检测观众在展区和商店内的行为，使馆方能够发现展示中的"热点"和"暗点"，以优化空间的使用和陈列。

2.5.3　链接社交媒体激励公众的参与和表达

从博客、脸书再到微信、播客，自媒体时代人们不仅仅满足于被动地接受信息，更有着创造内容，进而分享传播的主观欲望，这种需求已经深刻地影响了我们的社会，同样也将给博物馆行业带来很大的改变。单向的说教形式早已不能适应博物馆的传播模式，涵盖参与式学习、对话及社交的多向形的教育传播方式成为博物馆的发展方向，社交媒体的爆炸性发展为此提供了机遇。不同于传统媒体平台，社交媒体提供了参与和对话，不仅拉近了博物馆与公众的距离，而且让每个人都拥有表达和成为主角并建立社交网络的机会，成为博物馆传播内容的创造者。

利用社交媒体，搭建用户生成内容（User Generated Content，UGC）平台，在博物馆和观众之间建立双向交流的渠道，将是智慧博物馆体系的重要组成部分。

【案例 1】纽约现代艺术博物馆鼓励公众"跟我对话"[7]

纽约现代艺术博物馆在"跟我对话"展览策展过程中，把将要参展的项目放到博客上，邀请普通观众为展览添加内容，最终 20% 的展品来自公众提交的作品。即使在展览结束后，也不断有推特留言使其持续更新。社交网络极大地改变了人们接触博物馆展览的方式。

【案例 2】上海自然博物馆的"专家来了"和"随手拍"

上海自然博物馆在网站上设置了"博物馆之友"栏目，并推出"专家来了""随手拍"等专栏，让观众建立自己的"博物馆朋友圈"。观众可以将经常碰到的不知名的植物或动物的照片上传到网站，会有相关的专家进行解答。观众还可以将在博物馆参观过程中最喜爱的展示拍下来并上传，随时随地分享自然体验和感受。

2.6 需求总结

通过问卷调查、深度访谈、国内外场馆调研和案例分析等多种方式的调查、研究和分析，我们从以下三个方面对观众在博物馆智慧体验方面的需求进行归纳总结。

2.6.1 建立观众与天文馆之间的联系

在深度访谈的基础上，我们发现观众与天文以及天文馆之间还存在着一定的距离，他们对天文馆的态度还有着很多不确定性。

1. 天文学与日常生活之间有着一道鸿沟

信息爆炸、娱乐至上，如何静下心来仰望星空？当下的技术发展，已经逐渐颠覆了人们的生活、学习、娱乐方式，爆炸性的信息和知识遇上网络的无所不在，让人目不暇接。以前曾有专家做过测算，每过 5 年，人类的知识就会翻一倍，但现在翻倍的周期应该变得更短了。信息的爆炸，知识的翻倍，我们要学的、可以学的太多，每天面对电脑、手机的屏幕，如何还能静下心来仰望星空？

我们从访谈中了解到国内的幼儿园小朋友已经开始学习大量外秀型的才能和技能，如跳舞、乐器、英语等。因为整体的教育环境更加鼓励表现。而天文不具备外秀的潜质，已然被冷落在一旁。到了中小学，面临的是考试和升学的压力，而天文尚未进入常规教育体系，不在应试范围内，且天文整体实用性不强。以上种种让喜欢天文的人成了小众人群。

天文学是一门需要较为深厚的数学、物理等基础学科知识储备的高端学科，较为深奥和抽象，一般公众难以理解，普及难度大。综观当下，天文科普多是以"干货"的形式呈现和传播，字里行间充斥着专业词汇，对于普通大众来说，理解门槛甚高，不理解导致难以激发和维持长久的兴趣。

2. 观众对天文馆的认知缺乏情感连接

尽管天文和公众的生活比较遥远，但人们对天文的认知和联想仍然有着浪漫唯美的一面，"天文是浪漫的，宇宙是永恒的，就像爱情一样奇妙！"但是，观众对于天文馆的认知却更为现实，认为它只是一个学习的场所。有受访者提到："天文馆是教小朋友长大去当科学家的，和我们这种成年人没啥关系。"由于天文馆在国内尚属稀缺资源，公众对它非常不了解，因此缺乏情感联系。同时，这也意味着一片巨大的蓝海，如果我们能够把观众对于天文的联想嫁接到天文馆上，那就可以大大增强天文馆对公众的吸引力。

3. 天文兴趣的成长有着不同的阶段和特性

通过分析受访者的天文兴趣成长过程，我们发现天文兴趣成长大概要经历三个阶段。

阶段 1：接触——直观接触对于激发天文兴趣至关重要。

阶段 2：圈子——社群和圈子是天文兴趣维系和发展的重要土壤。

阶段 3：专业——专业系统的教育是形成科学天文视角的关键。

不同的观众因为不同的原因开始了解天文，并对天文产生兴趣。而多数人没有接触到天文的原因在于：既不能直接接触到天文观测，也没有加入天文圈子的机会。对于天文馆来说，如何让观众与天文发生接触，进而激发天文兴趣，并帮助观众融入天文圈子中，最后形成更为科学的视角，是我们必须要思考和努力的方向。

4. 增强天文馆的社交属性，推动观众消费决策

考虑到天文馆在距离上海市中心 1.5 小时车程的远郊地区，参观时间、交通成本都会大幅度上升。为了更好地引导和吸引观众前往天文馆参观，必须要研究互联网时代观众的消费决策模式。

传统消费决策模式在互联网发展的背景下，已经逐步发生转变。目前的决策模式通常是"AISAS 模式"，即"引起注意→产生兴趣→信息搜索→行动体验→分享评论"。网络时代下的决策模式，信息搜索和分享评论异常关键。这也意味着以后基于互联网的传播优势会越来越凸显，信息透明化、反馈及时化也会越来越完善，这也将会直接影响到观众是否前往上海天文馆的决策过程和结果。

同时，还有两大因素强力驱动着消费者的决策过程：社交因素和情感认同。在访谈中，我们发现有不少观众因为受到朋友圈的意见领袖的影

响去尝试和体验了新的展览。而在专家访谈中，从事商业咨询的陈先生也指出，"毫不夸张地说，现在最厉害的不是网红，而是每个人的朋友圈里都有一个'网红'。"

这些因素的影响意味着，未来天文馆应该提升社交属性，制造更多的话题，并努力获得更多观众的情感认同，以帮助推动观众做出消费决策。

2.6.2　研究不同时空维度下的参观需求

根据对博物馆参观旅程的一般规律，我们分析了观众在参观天文馆的前、中、后所有的行为环节，研究他们与天文馆之间的接触点以及具体需求（见表 2-17），以便在未来有针对性地进行策略布局。

表 2-17　观众与天文馆的接触点及需求

参观过程		接触点	需求方向	需求点
参观前	认识了解	① 市场营销（邮件、广告、社交媒体） ② 旅游产业（城市旅游地图、酒店前台咨询、旅行社） ③ 口碑（周围人的美誉、网络评论）	听说上海天文馆但不确定是否适合自己去玩?	① 认识渠道 ② 参观目的
	计划前往	① 信息获取渠道（网站、电话、邮件、咨询平台） ② 行程安排工具（搜索引擎、网络地图服务、路线规划工具）	快速了解天文馆的参观信息	希望了解哪些信息?
	出行过程	交通（地铁、出租车、自行车、停车场、观光巴士、步行）	交通尽可能便利	① 交通信息 ② 交通的便利性
	到达目的地	导视与地图	清晰地知道天文馆的准确位置以及前往的规划路径	

参观过程		接触点	需求方向	需求点
参观中	进入天文馆	① 入口（安检、存包、集合点、洗手间） ② 信息 & 票务（信息咨询台、购票、排队、小册子、信息屏、3D 地图、移动 App）	购票和信息获取的快速、有效、准确	① 喜欢纸质门票还是电子门票？喜欢什么样的购票方式？ ② 您希望提供哪些特色门票类型？ ③ 进入场馆后，您最希望了解哪些信息？
	馆内体验	① 聚集和休息空间（洗手间、咖啡馆、纪念品店、休息座椅、餐饮） ② 展示体验（收藏型展品、交互性展品、投影、声音、剧场） ③ 人（工作人员、其他参观者） ④ 移动设备（拍照、讲解、其他）	全身心地沉浸和享受天文世界的一切	① 您希望通过什么方式预约天文馆内的剧场、教育活动等？ ② 您最喜欢以什么方式游览博物馆？喜欢什么样的讲解方式？ ③ 手机可以帮助观众做些什么？
参观后	离开天文馆	① 室内建筑（电梯、地下室、走道） ② 出口（出口标记、安检、门、过道） ③ 离开（信息台、其他观众、带走的东西）		① 醒目、人性化的导览 ② 获得和拥有
	回归现实	① 交通（地铁站、回忆、分享） ② 回忆（照片、纪念品和礼品、会员卡） ③ 分享（与别人聊天、评价和反馈、社交平台分享）	回到现实世界	

2.6.3 区分不同观众群体的参观需求

根据调研中的陪同参观类型，我们将未来天文馆的观众分成了几个群体。

① 带娃一家：即家庭群体。

② 小伙伴：针对年轻人，初高中学生或者是大学生。

③ "独行侠"：通常是 20~30 岁的年轻人，喜欢独来独往。

④ 团队：中小学生团队或游学旅行团。

不同的观众群体，有着不同的参观目的，也有不同的体验需求。博物馆应该针对他们的需求，尽可能地给予不同的灵活选择。比如带娃一家会注重场馆展项活动的丰富度和教育性、信息获取的便利性以及场馆服务的完善性，希望有针对亲子的服务设施，并不愿意花费大量时间用于排队；小伙伴们将博物馆当作社交的场所，希望能有更多互动、协作的项目设置，加强彼此间的情感交流，并希望能有社交平台的接入，使他们能够更好地表达自我；"独行侠"们希望了解场馆的地理位置、公共交通方式、特色项目推荐等，希望能快速而高效地达成明确的参观目标；而团队游客则需要特殊的预约、售检票、导览和讲解服务，并需要考虑设置集合地、集中就餐等场所，在满足大流量参观的前提下，尽可能提高每一个个体的参观体验。

通过对观众需求全方位的调研和剖析，我们对于未来上海天文馆智慧体验的方向有了较为明确的把握。在后续的工作中，我们将依据这些需求分析，有针对性地制定工作策略，明确设计原则和实施路径，并最终在不同的项目中进行落地实施，以回应和满足观众的需求。

3

策　　略

根据对观众需求的全面分析，我们认为在互联网时代，要建立起博物馆观众的智慧体验，就必须改变传统博物馆的观众参观行为模式，使每一位观众与博物馆空间、博物馆展览之间不再是相对独立地完成交互，而是更强调建立起社群的概念，促进观众与观众之间的多维交互。

3.1 "无边界"博物馆理念

　　我们提出"无边界"博物馆的建设理念，希望未来的天文馆观众，并不是零落、分散的个体，而是通过交互体验紧密相连的社群集体。我们期待通过社交性的功能和体验，将观众连成网络，提升参与感，培养社群文化（如图 3-1）。

　　上海天文馆"无边界"用户体验设计将帮助兴趣相同的人建立联系，甚至通过一些游戏的设计，使陌生但兴趣相投的人们相遇，来一场即兴的游戏，并可以将这些联系通过线上线下，超越时间、空间和情感的制约，使观众和天文馆之间、观众和其他观众之间建立起没有边界的连接，从everyone 到 everywhere，再到 everytime，全方位地改变博物馆体验，

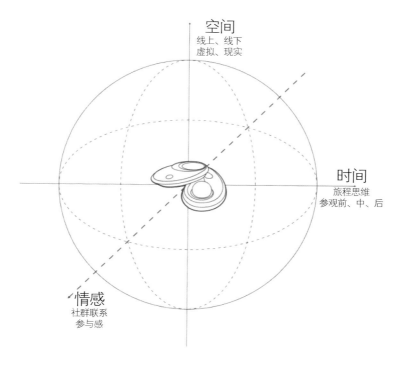

空间
线上、线下
虚拟、现实

时间
旅程思维
参观前、中、后

情感
社群联系
参与感

图 3-1　"无边界"博物馆理念

真正使上海天文馆成为观众认识宇宙、爱上天文的起点和平台。

具体而言，我们认为可以尝试去建立以下三个维度的关联。

1. 个体与个体之间的关联

在观众与观众的个体之间建立关联。比如，亲子家庭观众参观博物馆后，孩子可能会下载博物馆的 App 游戏，并且在游戏中饲养电子宠物，进而可以通过 App 添加附近的其他玩家成为好友，互相交换物品、分享照片。又比如"独行侠"类型的游客，虽然习惯独来独往，但说不定也想找个志趣相投的同伴一起探索天文奥秘，那么就可以通过社群平台来发出邀约，找到同伴。

2. 个体与群体之间的关联

在观众个体和某个群体之间建立关联。当观众用户达到一定数量后，就可以形成有一定规模的用户群体。这样的团体可以是基于兴趣的同城爱好者小组，如地域联盟、望远镜小组、冥王星小组，也可以是基于局部地域的科学兴趣小组，如某个学校的科技小组、社区天文爱好者小组等，逐渐形成圈子。个体观众就可以通过加入这样的群体获得认同感和归属感，并由群体内的高阶天文爱好者来带动初级天文爱好者。

3. 群体与群体之间的关联

在不同的群体之间建立关联。比如，不同的群体都会各自开展小组活动，如野外观星、科研活动等，我们可以通过天文馆社群平台开展小组之间的竞赛，实现群体和群体之间的互动，甚至可以针对所有的小组发起大型群体性游戏，比如火星车设计大赛或天文馆寻宝游戏。各种层面的本地群体如果互动良好，还可以延伸到国内外其他城市和场馆，与其他天文馆或科普场馆开展更多的互动，拓展出更加广泛的影响力。

利用社群的力量，"无边界"博物馆设计将把原来松散的观众用户，通过各种方式连接起来，构建天文馆特色的用户亚文化。

3.2 "无边界"博物馆概念解析

3.2.1 维度一：体验多重空间

1. 观众心声

"如果是单纯地给予知识，为何要花 2 小时去看，直接网上看就可以了。"

"天文馆，应该跟科幻片一样吧！"

2. 案例解说

"无边界"博物馆要能给予公众"非来不可"的临场体验感。通过创造沉浸氛围，提供一些道具，唤起观众的情感，制造临场感。

道具，会极大提升观众的临场感。在沉浸互动戏剧《不眠之夜》（*Sleep No More*）里，导演在同一空间组织了多条故事线，观众可以戴上面具穿梭在不同空间中近距离欣赏感受。在秘密影院（Secret Cinema）里，大批观众装扮成剧中角色，更能加剧角色感，深切感受别样空间体验。进入迪士尼乐园的小女孩都会穿上公主服，仿佛自己就是"艾莎公主"，在城堡里穿梭。[8]

我们希望通过一些小道具，辅助提升观众的临场体验。扮成爱因斯坦的科学老师、手持星际旅图的历险家、戴着太空帽的小小宇航员、太空漫游2001主题餐厅、太空食物、弥漫在空气中的宇宙音，通过这些让观众进入另一个空间维度，拥有完全不同的感受。

沉浸式舞台表演《不眠之夜》以话剧的技巧表演，游戏化的形式参与，利用空间来叙事，用社交性去启发好奇心，吸引重复体验。在如何制造沉浸感上，《不眠之夜》为天文馆的体验设计带来了诸多可借鉴的地方。当下观众的体验需求和趋势正在改变，新的科技能让我们获得无限接近真实的感官体验。天文馆需要用新的方式和思维，充分利用空间来打造专属于天文馆的沉浸体验，来赢得观众的认可。

3. 应用模块

情景化导览（同一空间不同体验）、角色扮演（小小宇航员、初级探险家……）、观星（物理空间不同）、全球数字化实验室（虚拟空间）。

3.2.2　维度二：享受全旅程服务

1. 观众心声

"换新的展品，换一个维度，很好玩。一直有新的东西，促进自己的想法。"

"很注重真人秀，每小时都有，有自己讲解的内容，和观众互动。"

年轻用户群有很强的求知欲，对体验的要求更高。观众对"有意思""好玩""有趣"的解读是"新"：内容新，形式新。

常换常新对于博物馆常设展览3~5年更换一次的频率来说有些难度。对此，在不调整展览的情况下，通过前期规划时，在展览中埋下一些不易被发现的"细节"，比如定时进行达人讲解秀，"网红"讲解展项，结合AR导览、App等工具，让同一个空间产出多条天文探索故事线、多种玩法、增设奖励机制，让人一次玩不够，逐渐成为常客。

2. 案例解说

（1）史密森尼国家自然历史博物馆虚拟游览

美国史密森尼国家自然历史博物馆的虚拟游览不仅包括整个博物馆

的常设展览以及精选的临时展览，还展示了博物馆的外观以及大量后台场景，如库房、实验室等。

（2）美国库珀·休伊特国家设计博物馆导览新数字体验

库珀·休伊特国家设计博物馆正在进行一种称为"Pen（笔）"的新数字体验尝试，使游客可以收集和分享展览信息，并与沉浸式博物馆环境互动。"Pen"是一种探索服务，不仅可以与博物馆工作人员互动，同时为库珀·休伊特国家设计博物馆整个生态系统中的知识共享以及新的管理流程提供了新的机会，以确保有效交付。

在访客访问结束后，库珀·休伊特国家设计博物馆创建了一种创新的笔回收方法。笔需要在出口处返回到数据可视化站。通过检索每支笔的数据并将其放入整个展览数据中，用户能够查看其旅程的摘要并将其与其他访客进行比较。

参观者完成参观博物馆的旅程后，便会前往大厅，库珀·休伊特国家设计博物馆的团队将其指定为出发前的最后接触点。库珀·休伊特国家设计博物馆建议主厅可以包含已安装的交互式屏幕，或一个供顾客互动的大"数据墙"。观众走近屏幕，用笔触摸接收器，然后观看屏幕上穿过博物馆的路径。观众可以将他们的访问与其他人进行比较，同时观察"热点"（受欢迎的物品）和博物馆中其他他们以前未曾访问过的房间或物体。位于屏幕底部的是笔槽，可将笔放入其中。

这个归还笔的想法被认为是一种归还"期待的东西"的方法，并以此来创建一种既包含旅程又包含结局的仪式。参观者可以使用笔上累积的接触点数据直观地追踪他们穿过博物馆的路径。

博物馆还将能够追踪哪些房间和展品获得最多的访问量，并重新布置功能以反映这一点。此信息可以用于优化观看体验，也可以简化观看体验。该解决方案成本相对较低，并且使用了库珀·休伊特国家设计博物馆基础设施中已经存在的技术和资源。

3. 应用模块

参观前（提前订票和预约活动、场馆交通信息智能推荐、餐厅和酒店预约等）、参观中（智能导览、推荐路线、智慧厕所、实时客流显示等）、参观后（观众评价、根据参观数据分析推送感兴趣的信息、游戏的延续等）。

3.2.3 维度三：建立人与人的连接

1. 观众心声

"期待（天文）直播，带来一种追求，话题感。"

"长大是一个越来越孤独的过程，为了增加联系必须有共同的兴趣和话题。星空可以成为一个媒介去拉近人与人之间的关系。"

2. 案例解说

对于年轻人而言，只有真正渗透到他们熟悉的社交圈子中才是进入了他们的世界。我们希望天文馆能反复出现在观众的社交网中，就像网红"喜茶"一样，激发这些年轻人朋友圈里的话题感。结合现在观众越来越喜欢"Show Off"的趋势，让博物馆自发带有适合"Show Off"的属性。就如在日本大阪 NIFREL 博物馆中，由于引入了大量艺术装置于展馆中，吸引了大量年轻人来此打卡、拍照、发文，以此作为留念以及生活方式的象征。NIFREL 在其官方网站上更是放出了各大社交平台的信息专门做了展示窗口，观众可以与 NIFREL 在社交平台上进行互动。这一方面加深了观众对 NIFREL 博物馆的了解，另一方面增强了观众与 NIFREL、观众与观众之间的互动。这些互动把观众和博物馆相互连接在一起的同时，也成了 NIFREL 新的展示内容。

期待通过人与人之间的沟通传播，激发观众对天文馆的好奇心，让参观打卡成为他们身份的象征。通过主动参观、主动传播，都能让天文馆成为彰显自身身份的打卡"圣地"。

3. 应用模块

通过增设"细节"和奖励机制，让观众"上瘾"，成为"常客"，创造持续和不断更新的吸引力。比如故事机（天文爱好者写故事）、社群、晒图宣传、排行榜、宠物养成、打卡、积分奖励、App、特色等级活动。

3.3.1 叙述

1. 定义

天文馆的展览、教育、运营整体需用统一且生动的叙述向观众传达各类信息，从而让天文知识概念生动、易于理解，让感官享受上升为认知，进而拉近观众与天文的距离。

2. 目的

增加天文馆的一致性、沉浸感和吸引力，用好故事调动同理心。

3. 要点

相较于知识传播，天文馆更应该注重故事讲述。我们需要用天文馆、用天文来讲好故事。叙述化的呈现是让天文知识概念生动、易于理解的关键，也是天文馆提供沉浸体验，广泛吸引大众的根本，更是由感官享受上升为认知转变的重要方式。叙述化可以拉近观众和天文、天文馆之间的距离，是改变天文、天文馆的大众形象和认知，打造社会影响力的基础。好的故事要能与生活发生共鸣，调动同理心，是引起共鸣和反思的关键。

☑ 注重整体体验和品牌形象的一致性，不同部门应该通力合作，打造一致的故事、统一的体验以及鲜明的品牌形象。

☑ 了解不同观众群的共鸣点，发挥同理心，应用讲述故事的技巧，让观众沉浸于天文之美，激发其好奇心和反思，实现从感知到认知的转变。

☑ 联系社会话题来产生共鸣，引发关注。

【案例1】用直观演示进行叙述，让枯燥的内容变得生动

对于展览来说，选好讲述的方式很重要。在德意志博物馆中"火车"展区，为了向观众解释复杂的火车系统运行机制，展馆并没有选择"图文+视频"的方式，而是通过一个占地38.5平方米的空间，通过微缩模型模拟的形式直观地进行表达。

这个微缩模型共有 22 个火车头和 100 节车厢的火车运行体系演示道具。为了让观众能从这个演示道具中获知最为全面的运行系统工作原理，这个演示道具设计了主要站点、山洞站点、终点站、交换车站、避车处、调车场、隐藏站点。在演示装置的墙上有两个投影幕布：一个显示的是火车的前方情景，另一个显示的是全部的火车网络系统运行状况图。通过这一整个演示系统，观众可以充分了解火车运行的背后拥有着怎样复杂的操作系统。

【案例 2】运营、服务和空间的一致性表达提升观众体验

对于运营、服务和空间整合效果的叙述化的表达，没有谁做得比迪士尼乐园更好了。在迪士尼乐园中除了注重游乐设施的整体设计风格一致性外，在服务人员的服饰、着装上添加了符合乐园风格的戏服元素；在各类辅助运营设施的运用上，包括导引牌、座椅、垃圾桶、寄存柜、宣传栏等的定制设计，和迪士尼所要营造的梦幻乐园的氛围表达一致；在配乐和广播播放设计上，播报员的语音语调添加了很多夸张戏剧的语言表达方式，不同主题区域的背景氛围配乐也和区域主题的表现相一致。这些运营服务与乐园空间设计方面的整体一致性表达，让观众在游玩过程中能更好地融入迪士尼的整体故事中，仿佛置身于另一个梦幻世界。

3.3.2 互动

1. 定义

不仅强调观众与展览的互动，更是观众与天文馆、观众与观众的互动参与。主动发现需求、主动互动参与，调动观众主动参与的热情，激发好奇心。

2. 目的

激发观众的好奇心，建立忠诚度和世界公民意识。

3. 要点

观众是天文馆的参与者，而不仅仅是天文馆发出的信息的接收者。天文馆鼓励观众主动参与，并与观众建立起平等关系。

　　天文馆也应该主动参与到观众、社群、社会中去，积极调动观众的热情，激发观众的好奇心，让观众成为天文馆的一部分。同时，要主动听取观众的意见，建立有效的反馈互动机制。

　　天文馆还可以成为连接观众、连接机构的平台，连接更多利益相关者，一起参与到对未来的思考和共创中，创造更大的社会影响力。

> ☑ 运用游戏化的设计来鼓励观众主动参与，激发观众主动探索。
> ☑ 为观众、地区和机构提供共同参与和创造的平台。
> ☑ 参与到天文社群中去，培养和发展社群，传播天文知识，打造社会影响力。

【案例1】巧用游戏任务参观模式，有效避免"博物馆疲劳"

　　美国明尼阿波利斯艺术馆开发的免费解密游戏App"解密Mia"（Riddle Mia This）综合利用智能手机、3D扫描、增强现实技术、X光扫描影像的数字资源等，将博物馆展示空间变成一个巨大的密室。[9]

　　明尼阿波利斯艺术馆的这种做法与上海天文馆的任务式参观模式有异曲同工之妙。通过游戏化设计的方式，利用博物馆的数字资源帮助参观者带着任务进行参观，能够有效避免"博物馆疲劳"。这既是一种全新的参观方式，也可以吸引更多的年轻观众群体，更是博物馆"新生"之路的方向。如果参观者为了游戏化的参观体验进程、为了充分探索世界、为了社群的成功而投入，那么观众参与到体验的本身就是种奖励。[10]

【案例2】结合故事场景，建立虚拟体验网站，提升观众带入感

　　热播美剧《西部世界》（Westward）里的主要场景是一个人造的西部世界，游客可以付费前往"西部世界"参观游玩。为了增强观众的体验感，制作方以剧中游戏世界的主投资人公司名字"Delos"创建了游戏网站，让观看该剧的观众可以以剧中游客的视角访问该网站，向观众介绍这个游乐场的情况。同时观众可以在主页进行注册，网站会随着每季的剧情推进情况，向观众发送邮件，告知乐园的最新情况。比如在最新的第三

季的剧情中，所有乐园因为机器人的觉醒而陷入混乱，以致乐园全部关闭。根据这样的剧情，观众会收到一封介绍乐园关闭情况的邮件。通过这样的模拟方式，增强了观众与整部剧的互动，让观众有充分的代入感。同时这样也可以让不了解剧情更新的观众，重新燃起对此剧的观看热情，从而增强观众与电视剧的黏性。

3.3.3　分众

1. 定义

强调展览内容需分层、教育活动需多样化、观众服务定制化，满足不同类型观众群体的参观需求，更体现展馆的包容性。

2. 目的

面向不同层次观众，提供个性化的参观服务，满足更多参观者的需求。

3. 要点

作为公共文化场所的博物馆向全年龄段观众敞开。虽然不同主题的博物馆在设计之初都会有明确的目标人群设定，但如今博物馆还是希望能吸引更多的观众群体来博物馆参观学习。对于天文馆来说亦是如此。

可以从以下角度拓宽参观层次。

① 提供不同深度的参观导览服务；

② 针对不同年龄段和教育背景的观众定制教育课程；

③ 对残障人士提供更为温馨的参观帮助；

④ 应用更多的展览表现手法激活不同观众的参观热情；

⑤ 综合考虑不同类型观众的空闲时间，设定不同的活动 / 参观开放时间。

【案例 1】上海自然博物馆设置多种教育活动形式，满足各类观众需求

在上海自然博物馆里，根据不同类型的观众群体的参观需求，按照观众类型将教育活动分为全年龄段、亲子家庭、爱好者、烧脑游戏爱好者、发烧友等类型。同时，从教育活动形式上，分为观看、互动、探索等多种类型。这样的分类方式，可以满足不同类型观众的各类参观体验需求。同时每日的活动内容都不同，可以吸引观众反复前来参观。

【案例 2】应用触觉满足不同类型观众的参观体验需求

德国的 Tactile Studio 是一家注重于包容性设计的设计公司。在他们为卢浮宫阿布扎比博物馆做的设计中，着重设计了很多应用触觉的展品。通过触摸让盲人可以在凹凸面上体会平常人通过视觉可以观察到的物体质感。包括不同金属材质的质感、各类雕花工艺的凹凸触感等。让盲人可以通过触觉感受平常人显而易见的美。这不仅受到盲人们的欢迎，同时还受到孩子等观众的欢迎。

3.3.4 智能

1. 定义

向观众提供智慧化的服务，提升服务效率和效果。包括摆脱物理空间和时间的限制，通过云端拓宽科普知识传播渠道；应用科技手段让丰富展览形式、提升展项的多变性、丰富性等。

2. 目的

超越时间和空间的限制，让个性化服务得到实现。

3. 要点

天文馆作为一个公共机构，应该能够包容不同群体，灵活地满足多样化的需求。这就代表着天文馆在理念上要智慧化，在服务上要人性化，在技术上要智能化，为不同的人群提供高品质的服务和体验。

这就要求我们在设计过程中要考虑到极端用户群体。天文馆带来的天文体验不应该停留在馆内，而是要能够带走的；天文兴趣的培养以天文馆为起点，却必须超越天文馆的物理限制。这需要以天文兴趣成长旅程成为考虑要点，真正促进全民的天文科学的普及。

☑ 考虑多样化的对象，降低门槛，提供个性化服务。

☑ 了解不同群体的需求和矛盾点，灵活整合内容、技术、设计、沟通等多种手段满足观众多元化的需求。

☑ 超越天文馆的物理空间和参观时间的限制，提供丰富全面的线上服务。

【案例 1】史密森尼国家自然历史博物馆的 "Q?rius"

"Q?rius"（发音同 curious，好奇）是史密森尼国家自然历史博物馆内的一个线上互动科学教育空间，为青少年提供了发现科学和自然世界的全新途径。通过与博物馆科研人员的对话以及与藏品的互动，观众可以了解到展示背后的故事，了解科研人员如何开展研究、如何处置真实的藏品，从而激发观众对自然世界的兴趣和探究。在这个互动学习空间，青少年和他们的家庭、老师都能各取所需。"Q?rius"的线上部分包括了博客、播客、线上资源、藏品搜索、定制日程等内容。

除了官方导览 App，史密森尼国家自然历史博物馆还开发了若干手机应用（见表 3-1）。

表 3-1　史密森尼国家自然历史博物馆手机应用

名称	支持系统	内容
秘密探险之史密森希望钻石（Hidden Expedition: Smithsonian Hope Diamond Collector's Edition）	IOS&Android	行驶在荒郊野外的一列火车上，一伙危险的小偷要求你告诉他们到哪里寻找希望钻石的碎片。作为秘密探险队的新成员，你必须在他们之前找到碎片……
树叶识别：电子野外指南（Leafsnap: An Electronic Field Guide）	IOS	可通过树叶照片识别物种的图像识别软件
皮肤与骨骼（Skin & Bones）	IOS	采用 AR 技术，配合"骨骼厅"的展览，以一种特殊的方式"观看"骨骼

【案例 2】科技创新博物馆的智能电子门票

美国加利福尼亚州圣何塞市科技创新博物馆的门票中含电子标签，连接、收集、反馈是电子标签的主要功能。

参观前，观众可以在博物馆网站上定制参观路线；参观过程中，电子标签将记录下学习、合作、互动的过程；参观后，可以在线上回顾、分享自己的收获，并计划下一次的参观。

4

应　用

本章将基于上海天文馆智慧体验的原则和策略，对博物馆智慧体验涉及的不同应用场景和功能模块进行探讨，并从"1+4"的架构进行阐述。"1"就是天文馆用户系统的核心数据体系，是所有功能模块的数据平台；"4"包括智能导览、观众服务、互动体验、社群平台四个角度，分别探讨如何将智慧体验的理念和原则融入上海天文馆建设的各个实际项目中。

　　同时，由于各个功能模块实施的必要性和可行性均有不同，观众对其的需求和关注度也不同，我们设立了一套评价系统，从观众角度（关注度）、管理角度（合理性）、开发角度（可行性）对所有的功能模块进行分级，为后续项目开发提供决策依据。

　　【观众角度——关注度】

　　从用户方角度考虑，评价功能模块是否是参观必需，观众对其的关注度。

　　5分：最高。4分：较高。3分：一般。2分：较低。1分：最低。

　　【管理角度——合理性】

　　从运营方角度考虑，评价功能模块是否是运营管理必需，存在的必要性和合理性。

　　5分：最高。4分：较高。3分：一般。2分：较低。1分：最低。

　　【开发角度——可行性】

从项目实施角度考虑，评价功能模块开发建设的技术可行性。

5分：最高。4分：较高。3分：一般。2分：较低。1分：最低。

4.1 用户系统核心数据体系（天文积分系统）

为了实现"无边界"博物馆概念，其整个线上系统实现的核心就是用户系统，特色就是积分系统。天文馆的会员系统应该有明确的天文主题，并贯穿参观过程，串联线上线下体验。在上海天文馆的会员系统中，观众有一个"天文积分值"，是观众参与馆方活动和体验后累计获得的奖励。观众可以使用积分来兑换和享受馆内的服务和体验。通过"天文积分"的灵活运用，观众在馆内感受到的不再是零散的展项和内容，而用游戏化的方式整合成为"主题式""沉浸式""交互式"的统一体验。

首先，"天文积分"作为会员系统的关键要素。

将天文积分与馆内的体验，以及用户会员身份进行整合。积分系统直接与会员系统相绑定，让"天文积分"成为天文馆客户关系管理的重要组成部分。

其次，"天文积分"是该观众的"天文身份"，"天文资深程度"的象征。

"天文积分"是观众关注天文，参与到天文互动中来的积极性的直接表现。用天文积分来引导馆内观众的主动性，制造参与感，营造成就感，这对馆内体验至关重要。对于天文馆的社群构建、亚文化推广也会起到重要作用。

最后，远期可形成天文知识水平行业体系标准（类似芝麻信用）。

用"天文积分"的方式来建立新的行业的规则，建立天文馆的影响力和领导力。

1. 整体设计

个性化对待用户，社群化/分类提供用户服务，线上线下数据一致化，人机交互体验一致化，设计勋章/成就/荣誉系统，不断有新的体验。其中需要注意数据驱动是核心，这些数据包括但不限于人脸数据、积分数据、票务数据、展项统计数据、定位数据、展项互动数据、天文观测数据、参与的教育活动数据、数字资源类数据、展项基本数据、用户基本数据等。

在深化设计阶段应尽可能将涉及的数据对象和内容进行分析，侧重其实现的关注度，合理性及可行性，并优先级排序及实际项目实施情况，分类分级实施，适合开馆前完成的，则按项目计划完成；暂时不适合实施的，应留有数据接口，以备将来扩展。

2. 用户系统

① 数据采集：收集用户基本信息，记录用户的行为习惯，以便进行有针对性的信息推送，设计数据总线来进行数据对接和存储。

② 数据存储：有统一的用户库，扩大其应用范围，并考虑三馆合一的当前现状，对接各子系统，设计数据同步策略。

③ 数据可视化：考虑通过不同线上入口，将不同技术平台上人机交互体验的风格设计的模板化，设计数据可视化设计指南。

④ 数据应用：采用按观众角度（关注度）、管理角度（合理性）、开发角度（可行性）等分步实施，考虑功能上的推陈出新，设计相关功能模块的数据应用。

3. 积分系统

积分系统的设计目标是充分利用天文馆特色来激发用户鼓励观众积极参与，以丰富的活动和形式激发观众对天文的兴趣。积分奖励是观众参与天文馆相关的活动，例如完成购票入馆、打卡、意见反馈等，就可以获得相应的"天文积分"奖励。积分使用是指观众可以使用"天文积分"，享受一些独特的体验和服务。

例如馆方可根据"天文积分"提供的个性化问候等。在本课题调研中发现，博物馆中的用户积分系统几年前就被提出，但一直迟迟难以应用，这中间包含一部分技术原因，但其核心难点如下（在本课题研究中，用户方即为观众，运营方即为馆方）。

（1）积分的核心价值对用户方和运营方的区别

对用户方：旅游、社交、游戏、金融、网购等其他行业的线上用户平台一般都有庞大的积分系统，其核心在于此类积分与现金或有价实物有等价兑换关系。因此其兑换效率越高，价值越直接，用户使用的态度就越积极，黏度也较高，他们愿意用时间和个人信息来交换这些价值。但对于运营方来说，需要投入大量的资金或者实物来获得用户流量和留住用户。

对运营方：文博行业有其特殊性，不能简单粗暴地将现金或有价实物与线上积分进行兑换，这极可能会带来用户方投诉、财务核算等一系列问题。在项目的调研过程中，我们发现兑换优先权是一个可行的积分使用场景。例如某活动较为热门，通过使用积分可以提前进行预约。反之某活动较为冷门，可以通过参与活动进行积分奖励。

（2）积分应用的场景设计

必须考虑到积分应用场景的解决方案很可能是由不同供应商设计和实施的，在项目执行的前期，哪些场景能用积分很难被确定，更不用说具体积分数值的设定。建议可由一家供应商进行积分系统总设计并定义数据传输接口，其他供应商只需负责本项目范围内的积分事件触发设计和前端界面显示。

（3）积分兑换和管理平台

积分兑换和管理平台必然需要一定人员的投入，如何选择后台管理方式，兼顾考虑管理便捷性和数据安全性。全馆存量总积分的数额是否需要控制？单个场景的积分规则前后是否可以不一致？用户对积分系统中的规则不公平进行投诉如何处理？积分是否能够进行交易或者转赠？如果积分系统出现故障，数据丢失如何处理？每笔积分的交易是否能够撤销？每笔积分的交易是否能够追溯？如果存在有人恶意刷积分，售卖账号，如何进行识别？谁来确定某条积分规则是定10分还是20分？……积分系统规则越复杂，涉及的系统越多，则管理成本和难点大大增加，但同时也会带来更多的用户。

作为博物馆而言，可以制定更为简单易行的积分规则以降低管理难度，比如不考虑积分交易或者转赠，设计时最大化考虑积分规则触发条件，开馆初期尽可能减少积分规则应用场景（如购票入馆积累积分、热门活动消耗积分），在顺利运行一段时间后再进行功能升级。

4. 功能实现

上海天文馆的用户实行统一的身份验证，即单点登录机制，用户登录后，经过统一认证可直接登录其他应用系统，而不需要反复输入用户名和密码，很好地解决了用户在各个系统中重复登录的问题。同时，该系统还支持单点注销、登录超时。

用户信息显示：账号的 ID、状态、昵称、注册时间、账号头像。

用户查找：支持用户账号的搜索查找。

搜索：支持手机号、邮箱搜索。

账号列表：显示账号的注册信息、账号状态、账号信息、昵称信息。

修改：对指定账号进行封停、启用操作。

账号操作：支持对账号的封停、删除操作，手动添加账号。

（1）单点登录

用户进行统一的身份验证，实现单点登录机制。用户登录后，经过统一认证可直接登录其他应用系统，而不需要反复输入用户名和密码，很好地解决了用户在各个系统中重复登录的问题。同时，还支持单点注销、登录超时。支持与票务系统在线购票登录功能进行数据对接，实现上海天文馆公众网平台与票务在线系统的单点登录。

（2）统一身份认证

需要提供统一身份认证和管理框架，并提供开发接口给各公众服务类的应用系统，为应用系统的后续开发提供了统一身份认证平台和标准。管理用户现阶段由公众信息数据库系统进行身份认证，并对接上海科技馆（总馆）的用户中心，以实现多个场馆在同一个中心内进行身份认证。

（3）日志管理

显示手机号、登录的操作类型、操作描述、登录的来源、IP 地址、登录时间、操作系统名称。支持搜索功能。

（4）会员中心管理

会员卡管理，是对活跃注册会员的鼓励机制，会员通过参与更多的各种类型的天文馆活动可获得等级提升。会员商城将对商城内商品进行配置，对商品的名称、内容、图片进行管理，对商品的状态进行上下架管理，对商品的数量和兑换条件进行设置。会员注册即绑定会员卡，通过会员卡，将积分、储值、签到、兑换、优惠券串在一起，提升会员体验，增强品牌影响力。设定会员卡等级，编辑等级介绍。

（5）积分管理

馆方将对会员积分进行管理，对积分规则进行设置。可统计积分的发放及消耗数量。系统会显示全部用户的积分列表，可搜索用户名称，可对积分的用户获取权限进行停止与启用管理，可对指定用户的积分进行冻结操作，以及对积分进行兑换的方式、兑换的比例进行管理。

4.2 智能导览

馆内智能系统通过不同的观众类型及参观前的行为、参观时间的长短、参观的目的进行判断识别，智能导览系统将推送最匹配的参观模式供观众选择，其中涵盖多元化故事参观路线、多模式讲解模式、高客流智能推送路线、趣味打卡游戏任务、角色扮演等。观众可进行自主选择，在参观前就做好参观准备。这不仅让观众对参观充满了期待，也大大提升了参观体验。

4.2.1 智慧参观路线推送

1. 多元化故事线参观路线：用故事让天文馆可以无限更新

试想一下大部分普通观众走进博物馆的传统参观画面：听着千篇一律的讲解词，按部就班地顺着场馆既定路线进行参观。他或许可以得到不错的参观体验，但参与度也只能限制在看和听。这种被动式的参观，场馆对于观众的吸引力会逐渐减弱。如果能让观众主动参与参观路线的规划设定，增加观众的自主权，那么观众就会非常自然地和场馆产生一种紧密的联系。

我们希望来参观天文馆的观众可以得到一些独特的体验，去自主选择路线，体验不同主题的故事线。除了提供"挨个展项挨个看"的传统参观模式，我们应该提供多元化的故事线参观模式让观众选择。

短期来看，不同的故事线会吸引不同的人群，也会成为观众多次参观的理由。特别是对于追求新鲜感的年轻观众，多种线路的选择会刺激更多次的参观欲望。长期来看，针对不同人群，根据观众的个性化参观需求，系统地设计大量的故事线，智能化地提供最合适的故事体验，打造天文馆成为讲述天文故事最精彩、最丰富的平台。

如何实现？

从策展之初所设计的故事线框架中跳出来，重新组织展品、展项，编织全新的讲解素材，生产出若干条完整的故事脚本，配合不同实体道具或线上内容的刺激，引导观众按照这些有特色的分支故事线去参观。

天文馆内的展品是有限的，但展品的解读、展品的组织方式可以多种多样。因此，天文馆其实具备无限延伸的可能性。天文馆的展项、展品设计，讲解内容设计，已经有故事线的思路存在，我们可以重新组织这些展品的参观顺序，整合观众的个性需求，为观众提供多元解读天文的视角。直接带来的效果是：每次参观的体验都是不一样的。

2. 多模式智慧讲解路线推送：多元讲解内容和模式，满足不同观众的诉求

天文馆内的展品是有限的，但不同的讲解员可以对展品有不同的解读。这意味着，借由解读内容和解读模式的多元化，围绕展品的讲解内容也可以无限延伸。

针对不同的参观人群，打造完整且系统的多模式讲解系统。观众可以直接在智能终端上灵活选择讲解风格。比如，儿童观众可以选择对话式的"小小科学家讲解模式"，情侣可以选择"烂漫星空版的讲解模式"。对于操作智能终端有障碍的儿童和老人群体，推出专业讲解器，提升使用体验。

在讲解模式上可以大胆创新，除传统讲解员模式外，可根据不同主题，提供明星讲解、专家讲解、吉祥物讲解等不同模式的选择。同时，多模式智慧讲解系统通过收集用户的使用反馈，进行数据分析，进一步了解观众的喜好和痛点，及时进行功能上的改进和内容上的更新。

3. 快捷推送路线：智能化个性化的导览服务

一般情况下，游客可以根据自己的需要对参观路线进行选择，如馆方预设的推荐参观线路（多元化故事线、多模式智慧讲解），或者可自主选择单个或几个展区，智能导览系统生成多条不同的参观线路进行推送。

当现场展区客流出现高峰值时，智能导览系统基于现场观众已选定参观路线的导览数据（后台程序根据当前各展区实际智能终端接入数量），

进行现场路径拥挤指数分析，估算出当前的展区人数，推送最匹配或者最便捷的参观线路的引导，智能化分散客流，帮助观众自动避开当前拥挤区域，提供最高舒适度的参观环境。

4.2.2 趣味打卡

借助游戏化思维的正向激励机制，上海天文馆可以激发观众在馆内的探索和体验，最终培养观众对于天文的兴趣。在天文馆里，除了传统的"看"和"听"的体验方式外，增加"做任务"的体验方式。针对不同的人群，建立系统的任务模式，配合线下参观。

在入馆前，智能系统根据观众喜好，推送观众最可能感兴趣的路线。观众入馆之后，就凭线上领取的信息到任务台领取相关道具，开启个性化的私人任务参观模式。趣味打卡功能结合蓝牙定位功能，为观众参观中，提供一个现场趣味任务认领、签到、积分、人脸识别的平台。

在整个参观过程中，观众在这个平台上签到和拍照留念之后，人脸识别终端根据观众刷脸信息进行分类，对不同类型的观众进行判别，进行不同的内容展示和探索任务的推荐。根据任务提示，观众前往馆内各个展项，进行展品知识的探索，体验更多趣味的科普任务。

完成任务之后，观众获得更多积分，并且可凭这些积分来购买文创产品、申请参加特别活动、兑换课堂学习等。设置积分等级制度，赋予不同等级会员特殊的权限，增加观众多次参观的欲望，提升会员的体验和荣誉感。培养博物馆与公众之间更加亲密的关系。

1. 个体参观任务打卡

匹配不同的故事线，不同观众的任务模式和打卡体验也是不同的。

（1）儿童。儿童进入馆内，通过特殊的形式，将任务隐藏在故事线中，鼓励儿童去发现并参与互动及体验。激发儿童的兴趣和探索欲。例如，可以推出"小科学家"的主题，儿童可以通过扮演"小科学家"这个角色，进入为其设计的剧本中，进行不同任务的探索并独立完成。每完成一个任务，就会得到一个充满仪式感的奖章。等所有任务完成后就能得到"小科学家"的终极徽章。

（2）家庭观众。对于这类群体的打卡任务，强调的是亲子互动。打卡任务是由不同难易等级的任务捆绑而成的。在一些比较容易的关卡，要求儿童独立完成。还有一些比较复杂高阶的任务，可以邀请家长一起完成，得到奖章。这一类奖章经过特别设计，会生成家庭相片电子版，可在商店里进行印制或制成各种纪念品。

（3）情侣观众。情侣一起参与的任务模式，不同于家庭观众，更强调情侣之间的互相配合。打卡任务需要情侣分别完成支线任务后得到半个奖章才能共同开启下一个任务。

（4）天文爱好者。这一类人群对天文学有一定认知，所以对于这类人群而言更注重创意和趣味。例如，根据不同的地理位置在 App 上收集到各色各样的天体卡片，天体卡片上有对应的天文知识。观众学习这些天文知识，通过完成天文知识挑战等方式，获取积分。

2. 团体参观任务打卡

用合作和游戏的方式，提升团队参观乐趣和体验。针对团队观众设计丰富多样的团队参观任务。一个团队的参观任务可以借鉴单人的打卡任务，领取不同的角色和任务，组合打卡，通过积分比赛，可以进行团队内的 PK。

当同时有多个团队参观天文馆时，场馆可以组织开展团队之间的比赛。每个团队设定队长、队员等不同的角色，以团队的模式进行参观，在参观过程中完成任务，获取积分。

4.2.3　个性化定制路线

观众在选择好打卡任务后，如果代入不同的身份，去参与不同的任务，与不同的展项和内容建立联系，发生交互，这样是不是可以得到一个更加丰富饱满的个性化参观体验呢？我们设想通过角色化参观模式，来营造角色氛围打造沉浸式参观体验。

观众参观天文馆，好比一场主题式的化装聚会。观众是有身份和角色的，不同的观众有不同的角色，不同的角色可以有不同的装扮。例如，儿童观众是"小小科学家"，家长观众可以是"启蒙向导"，年轻观众可以扮演"星际旅客"，老年观众可以扮演"智慧长老"。

对应不同的角色，观众就会领取到不同的任务。比如，"小小科学家"的任务是去发现特意设计的隐藏在低处的故事线；"启蒙向导"的任务是帮助"小小科学家"学会怎么去发现隐藏在低处的故事线，并不是直接告诉答案，而是通过一些设置和引导让"小小科学家"自己发现；"星际旅客"的任务设置是要求足够高的积分才可以解锁更高级的讲解模式或参观任务。"智慧长老"的任务有时是给"小小科学家"讲一个天文故事，有时则是找到"星际旅客"遗落的痕迹。

在面对不同角色的观众时，每个角色所在的场景的沉浸式体验格外重要。这包括了工作人员与角色沟通时的语调和内容，为角色特制的票根、宣传手册、不同特色道具等触点的设计。这些都是为了营造情境和氛围，帮助观众建立角色代入感，更快进入状态。当观众完成所有打卡任务时，一条完整的定制路线就走完了。

4.2.4　人流量显示

为了实现场馆参观最佳体验，非常关键的一点，是让观众对所处的实时情况加以了解。观众可以在手机终端查看当前人流信息情况，根据身份（如家庭、情侣、爱好者等）收到实时导览线路推荐。终端需能显示馆内各楼层地图和各展厅平面布局图，地图元素如出入口、服务设施、线路、展柜、重点展品等。另外，针对特殊人群（如儿童、老人、残疾人等）对于导览信息和公共设施信息获取的需求，进行信息展示和推送。

现场观众在选定参观路线后，App 将提供实时路径导航服务和查询服务，如临展、教育活动等需要排队的区域、服务项目时间表、可预约项目。

4.3　观众服务

博物馆观众服务涉及很多环节，我们选取了观众比较关注、与智慧体验关联度较高的几个服务环节进行讨论（见表 4-1）。

表 4-1　观众服务环节评价

功能模块	分项功能	观众角度 （关注度）	管理角度 （合理性）	开发角度 （可行性）
观众服务	票务系统	5	5	5
	活动预约	4	5	5
	运营服务信息	4	5	5
	纪念品定制	3	4	3

4.3.1　票务系统

中小规模的场馆出于运营成本的考虑，一般会采用全部委托第三方运营票务系统的方式售票，许多国外的场馆就参照此类方式。对于上海天文馆而言，票务系统的开发既要考虑满足简单清晰的线上订票，引导注册会员优惠体验馆内特色服务的短期目标；同时也要考虑与上海科技馆、上海自然博物馆现有票务系统的兼容性，实现整合型的票务解决方案的长期目标。

1. 票务系统描述

作为观众参观天文馆的第一步，充分考虑观众购票、取票和验票入馆的应用场景，给观众提供便捷、舒适的购票体验。采用多渠道的购票、取票方式，观众可以通过手机移动端、微信、互联网门户、人工以及自助取购票机等途径快速购买和获取纸质或电子门票，观众仅需使用身份证、微信号、手机号 + 拍照（应对无身份证的特殊情况）等认证方式，就能从以上各种渠道快速地获取门票；在检票方面，提供了票面二维码自助验票、手机电子票、智能手环、人工验票等方式。另外，智能售检票系统可通过设定出票数量阈值的方式，控制非现场购票的出票数量，通过分流机制，最大限度地避免排队等候和拥堵现象，为观众提供快速、畅通的入馆参观体验。售检票系统能够灵活地设置票种、票价，以方便天文馆针对不同用户提供售票服务，能够通过数据协同平台与天文馆财务系统对接，将售票情况实时传入财务系统；同时能够收集观众入馆、出馆状态信息，对售票情况进行统计，为观众提供优质的售检票体验（如图 4-1）。

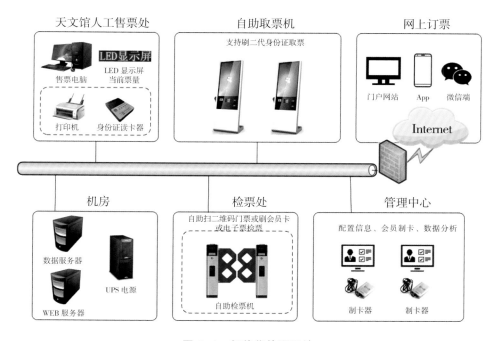

图 4-1　智能售检票系统

2. 系统功能

（1）票务信息管理

①　门票信息管理： 设置票种、票价等信息，为不同类型观众或团体提供不同的门票服务。可生成门票数据，包括票种、票价、有效时间、状态等，由系统进行管理，支持门票数据的快速检索。

②　团队预约管理： 票务管理系统可对团队预约进行统一管理。查看所有的团队预约的信息，亦可以 Excel 格式批量导出参观名单。部分团体如旅行社、学校等习惯线下致电预约时，票务人员可在管理系统进行团队预约。当取消团队预约后通知票务组长即时提示（协同平台消息通知）。

③　政务接待管理： 政务接待时填写参观信息并上传凭据（介绍信或接待函），预约成功给票务组长即时消息提醒（协同平台消息通知）。取消预约后通知票务组长即时提示（协同平台消息通知）。

④ **会员管理**：天文馆智慧票务服务系统除了对参观观众进行用户管理外，还会对天文馆年费付费会员进行管理。天文馆年费付费会员每年固定付费额度，但是不限制参观次数，每次参观都需要使用会员卡刷卡进入，系统会记录会员的基础信息以及参观次数。

⑤ **黑名单管理**：对于部分观众在天文馆参观过程中不听取工作人员劝告，发生较严重的不当行为，支持在系统中直接将该观众的信息放进天文馆观众管理系统的黑名单。一旦被列入黑名单，该观众将不能再进行门票预约和购票。

（2）售票模块

支持互联网售票，提供售票接口，供网站、微信、App 等不同终端使用，接收到购票请求并收到门票款后，生成门票二维码（电子门票），观众通过扫描二维码即可进入参观。人工售票软件支持现场售票。

① **个人购票**：观众可以提前在天文馆的门户网站、手机 App、微信的票务模块进行在线订票，购票过程中需要输入身份证信息、完善观众个人基础信息等，可选择入馆参观日期。个人购票成功到馆后，凭电子门票或直接到售票处的自助取票机取票进馆。

② **团队购票**：旅行社、学校等团体观众，亦可通过天文馆官方网站进行预约、购票。团体预约需要预约人输入参观人数以及参观人员的基础信息、导游信息，团体观众到馆后可凭电子门票在自助验票机扫描后进馆。

③ **人工售票**：人工售票软件支持观众现场购票，观众需到天文馆售票处以有效证件（如身份证、驾驶证、学生证等）购买门票。系统对用户信息及数量进行统计。

（3）验票模块

通过闸机验票，闸机应支持传统纸质票以及手机二维码验票，能及时将验票信息传输至后台系统，由后台系统对门票状态进行修改。

（4）财务接口模块

支持通过数据协同平台将数据发送给财务系统。

（5）统计报表模块

系统支持查询售票情况统计、观众购票情况查询、检票入场数量统计和人流量监控。可生成一定时间段内的售票相关统计报表，包括售票张数、售票总价，支持根据票种、票价、售票平台的分类统计，以及针对观众类型进行统计。

图 4-2　上海天文馆售检票系统功能框图

3. 票务系统特色——主题性票种的设计

短期目标：票面有主题特色，吸引观众来；票种优惠不同，分流观众。

长期目标：形成天文馆品牌形象，培养观众与场馆的情感。

难点：本质上增加了票种的数量和检票的复杂度，增加了财务对账核算的复杂度。

门票，不仅仅是出入天文馆的检票凭证。对于观众而言，有更多的情感和功能价值；对于天文馆而言，有更多战略性价值。观众可以根据自身的状况选择不同的主题票型。不同的主题票型包含不同的特色展项体验及增值服务。比如，情侣联票包含天文观星、天文夜宿等增值体验活动；亲子票包含亲子天文主题餐等。

馆方可以根据不同的观众类型及其需求，设计相应的票型，满足观众的多样化需求，甚至可以整合增值服务到票型之中。比如，家庭出行更关注亲子、儿童成长等内容，可以推出家庭亲子票、儿童成长票，同时，票内包含健康的太空零食一份，可到"太空零食贩售机"上领取；情侣出游更关注情侣互动、联动，记录旅程和爱情等内容，可以推出保存和收藏价值更高的情侣联票，同时包含天文观星、情侣合影的增值服务等。从馆方角度出发设计票型，可以根据分流观众、举办活动等特殊需求，推出相应的票种。比如，针对运营分流需求，馆方可以推出半价的"银发优惠票"，吸引老年人工作日出行，减少周末人流压力。针对主题活动需求，馆方可以特定天文节日推出系列的"天文节日票""哈雷彗星门票"，吸引天文爱好者和观众，有针对性地推广天文。

设计提升票的价值，馆方需要提升票型的设计。不同的票型在票据的设计上加以区分，提升针对性；同时，通过设计，提升票根的情感价值和收藏价值。比如，票根在纸质、颜色、图案、形式上都可以考虑不同人群的特点，加以设计；不同的票面设计，可以邀请业内知名设计师或儿童创作。根据观众类型设定不同的票型，并通过设计在不同层面予以体现。

4.3.2 活动预约

针对上海天文馆的实际情况，活动预约与票务系统分开设计，可以以是否涉及货币交易为区分，有效进行数据分流，提高整个系统可靠性，防止出现两个系统因并放量过高而出现异常。在天文馆的实际实施中，三馆合一票务系统和活动预约是两套独立系统。

1. 活动预约系统描述

随着科技的发展，观众获取资讯的方式越来越多，尤其是微信，凭借灵活的界面、免于下载等优势赢得了不少观众的青睐。同时，微信账号因基于 QQ 庞大用户群、手机用户圈子等多位的圈子所产生的强关系圈，相互影响力量不容小觑，很多企事业单位建立认证的微信公众号成为宣传通道，有助于达成提高公共服务水平、拓宽宣教渠道、提高社会效益的目的。

通过微信公众号的线上活动预约，将预约步骤整体迁移至微信上，简化工作人员的流程，且方便用户快速申请。可实现线上活动预约、人脸识别签到及二维码扫描签到；完善运营及黑名单机制等功能。

线上预约平台由活动发布平台、预约模块、现场签到模块及完善的后台管理模块组成。其中公众参与到活动中时，可以进行分享、线上反馈、领取任务、评论以及随手拍等。涉及的交互文字内容，都需要后台进行审核操作方可显示在外网界面中。

2. 活动发布平台

可通过快捷方便的编辑上传，在平台页面上发布即将举行的展览信息，用户可以第一时间在线上了解展览的详细信息，包含而不限于图片、文字、视频及其他链接。具体发布各类线上活动，可发布活动品牌、活动类型、活动名称、学科标签、业务标签、自定义标签、活动的起止时间、集合地点、活动地点、活动对象、预约的起止时间、活动的预约类型、专家介绍、注意事项、推荐栏目设置、活动图片、活动简介、活动详情、活动的报名人数限制、账号的报名人数、签到模式、活动附加栏的开关、活动附加栏的名称编辑、活动附加栏的文字修改。

提供各类已发布过的活动作为活动模板，活动模板中的活动可支持修改内容后，直接发布为新的活动。显示已发布的活动列表，可对活动的当前状态进行上下架管理、对活动的内容进行编辑、对活动的参加人员进行查看和管理。可对不同状态的活动、活动的所属品牌、活动的时间、活动的关键字进行模糊搜索。

3. 预约系统

通过微信平台，实现参观门票预约、展会观后评论、活动报名等互动功能。因已经可以实现对关注者真实身份的管理，对于后续的互动也更加方便。天文馆可通过互动的微信公众平台，将微信功能与天文馆自身业务相结合。

① 线上预约需要根据馆方要求采集用户信息；

② 对用户提交的信息进行简单核实；

③ 如采用人脸识别签到的用户需采集用户照片数据。

4. 签到模块

签到模块可采用以下两种形式：

（1）人脸识别

根据用户预约时上传的个人照片信息，在现场通过人脸识别设备（iPad 或其他设备）快速签到。

（2）二维码识别

用户预约成功后会收到预约成功的回执二维码，到达现场后可以通过扫码的形式实现快速签到，二维码中包含有预约用户的基本信息，可用于核实参加活动人员的个人身份。

签到信息可同步上传到后台管理系统，可用于结合现场纸质签到存档，也可以用作后续的大数据分析。

5. 后台管理模块

集大数据统计、线下活动管理及黑名单等功能，包括定期推送的资讯效果统计、用户关注的菜单统计、线下活动发布模块及报名统计模块。能最终以大数据的形式直观地表述出来，针对资讯点击和活动报名情况分析，管理平台通过按属性统计活动点击率、活动参与率等，分析宣传活动活跃度参数，为今后的营销活动选择提供依据，提高宣传活动成功率，为更好地提供观众服务作参考依据。

黑名单机制可以有效地督促用户，有效防止用户在多次申请活动后，在指定日期未参加活动也没有即时取消，从而给馆方人员开展工作造成影响。

6. 会员信息管理

包括对微信会员的注册认证信息、认证手机号码、来源地市等明细信息、用户分组、访问及行为日志数据处理等。实现关注者真实身份的管理，一般微信公众号对关注用户的管理，大多是游客随机关注账号，微信后台可查看关注者的微信虚拟身份，而实际上只有将关注用户的真实身份关联起来，才能真正实现从线上宣传转到线下活动组织的目的。通过对用户信息进行手机认证的技术处理，恰恰可以实现这种需求。一方面可以召集并稳定一批认证的游客成为天文馆的忠实粉丝，使游客乐于参加和分享天文馆的展览和活动；另一方面天文馆管理人员也可以准确了解游客的需求，对展览内容及相关活动进行有依据的调整。

4.3.3 运营服务信息

该功能模块的短期目标是通过馆方在线上平台实时公布场馆服务信息，帮助观众做出行判断；长期目标是馆方整合多方数据，提供更准确、有用的实时资讯以及出行建议，服务触点覆盖到多个出行阶段。

观众出行的过程虽然是到达天文馆之前的体验，但从观众的视角来看，整个旅程都是天文馆参观体验的一部分。帮助观众顺利、愉悦地到达天文馆，意味着天文馆参观体验有了一个好的开始。

观众可以通过上海天文馆提供的实时的、可交互的出行相关数据（比如天气因素、场馆容量、停车位等各种信息），及时、准确地了解出行状况以及馆内情况，合理地安排行程和出行，减少不必要的出行困扰，提升去馆的体验。比如，遇到天气不佳时，观众就会在上海天文馆 App、微信公众号上收到"请携带雨具、合理安排行程"的提醒。周末人流量过大，观众就会收到"天文馆人流较大，不建议前往"的推送。同时，不同类型的观众，会收到定制化的信息数据。比如，亲子家庭观众更多的是采用自驾车的方式，可以推送去馆的交通路况、馆内停车场的实时容量信息、预约方式等信息。

　　馆方要收集参观数据以及天文馆相关的出行数据，并进行整合，将其发布在线上平台之上。馆方根据观众的会员大数据，根据不同的观众类型，将相关数据进行精准推送。

4.3.4　纪念品定制

　　1. 太空零食贩售机

　　该功能模块的短期目标是寻找与展览内容、展馆主题相关的零食产品，通过与第三方机构合作来为观众提供服务；长期目标是与太空食品公司合作，配合衍生品的概念，打造有自主理念和概念的零食产品；天文馆的零食将成为具有 IP 属性的衍生品，传播有意义、有趣的零食理念。

　　馆内设置零食贩售机，贩售天文、太空、宇航员等主题的零食，观众可以在自动贩售机上通过线上支付方式轻松购买"太空零食"，贩卖机可以与馆内的其他餐饮服务相补充，减轻餐饮压力。同时，天文、太空、宇航员等主题本身就具有 IP 效应，IP 化运作将大大提升商业收益。

　　2. 天文纪念品店

　　天文馆纪念品商店将成为天文衍生品的热店和潮店，吸引大量观众，输出价值观。纪念品店内的消费，与馆内参观的积分模式相结合，观众利用参与馆内的体验获得积分，并在纪念品商店内享受一定的折扣。

　　天文馆的纪念品店是观众体验的重要组成部分，纪念品商店一方面满足观众的参与和消费需求，另一方面是将馆内的体验延伸到馆外的有效方式。观众会从纪念品商店买走纪念品，而这些纪念品是日常生活里帮助观众回忆天文馆之旅，重新触发参观天文馆的动机（据 MOMA 统计，一般人逛美术馆，80% 的时间在看纪念品商店。做好纪念品商店不管是在展览方面的延伸，还是吸引更多观众，都有重要意义）。除了纪念品本身的消费之外，纪念品店也是培养天文亚文化和社群的极佳方式。

　　馆方可以结合天文馆的建筑、标志、吉祥物和特色展项等推出相关纪念品；可以与现有的天文 IP 合作，如小说《三体》、电影《流浪地球》等，还可以与中国航天系统合作，推出更有吸引力的纪念品；还可以结合纪念日、大型活动和临展等，推出限时或限量版的纪念品；用快闪店的形式，创造更多的话题，让消费形式本身成为一种有趣好玩的体验。

4.4 互动体验

本节所提到的互动体验是指与展项相关的互动体验。互动型展示是科普场馆重要的展示形式之一，对于提升展示趣味性、加强内容传播力具有重要作用。随着观众对于博物馆参观需求的提升和改变，以及场馆智慧化转型和发展，互动体验的方式也在发生着变化。在《新媒体联盟地平线报告（2016 博物馆版）》（以下简称《报告》）中，对于 18 项极有可能影响博物馆技术规划和决策的议题做了深入探讨，它指出："博物馆正在通过整合社交媒体、开放内容和众包等新兴科技与手段来实现内部与外部的联结，实现参与度的延伸。通过充分使用移动和网络科技等新手段，为观众提供沉浸式的体验，并整合观众数据，用于展示及藏品介绍。"

上海天文馆将如何通过线上线下的联结，加强观众与展示的沟通与交流呢？我们以 AR 互动、UGC 展项、天文故事机、天文游戏等项目为例，介绍上海天文馆如何尝试打造线上线下的互通，以线上带动线下的参与度，以线下提升线上的体验感，为观众创建超越时空的参观体验（见表 4-2）。

表 4-2　观众互动体验评价

功能模块	分项功能	观众角度（关注度）	管理角度（合理性）	开发角度（可行性）
互动体验	展项互动（AR）	5	4	5
	UGC 展项	4	4	4
	故事机	4	5	5
	天文游戏	5	5	5

4.4.1　AR 互动

AR 即增强现实（Augmented Reality），它是一种促使真实世界信息和虚拟世界信息内容综合在一起的技术。增强现实可将原本在现实世界的空间范围中比较难以进行体验的实体信息在电脑等科学技术的基础上，实施模拟仿真处理，将虚拟信息内容在真实世界中加以有效应用，并且在这一过程中能够被人类感官所感知，从而实现超越现实的感官体验。真实环境和虚拟物体之间重叠之后，能够在同一个画面以及空间中同时存在。

以虚实结合的方式，可以让静态的物体动起来，也可以大大增加项目的互动性和信息量，在增加体验乐趣的同时，展开新的展览维度，提升传播效果。

1. 参考案例

（1）中国科技馆的"信息之桥"展厅

2017 年元月，中国科学技术馆"信息之桥"展厅开幕。其中"微观探秘"展项利用 VR 眼镜、定制水滴舱、光效音响、多维度控制系统等多媒体组合设备，构造沉浸式体验环境，探寻微观世界的奥秘。如"奇幻血管探秘"，乘坐纳米舱进入血管漫游，了解血液成分的组成及功能，血脂、血栓等各类疾病的形成过程，并在互动、协作环节消除血栓，救助病人。"神奇石墨烯"，对新材料石墨烯进行一场从宏观到微观的探究，形象地了解其中理论原理，包括量子理论、量子通讯等。"植物微观之旅"模拟植物内部漫游，了解植物内部世界，学习蒸腾作用、细胞质、细胞液、光合作用、光反应和暗反应、碳氧循环等知识。

（2）美国史密森尼国家自然历史博物馆的"Skin & Bones"App

史密森尼国家自然历史博物馆的骨骼展厅中很多展品是从 1881 年建馆就存在了，20 世纪 60 年代以来，一直保持着现在的展示形态。然而当博物馆采用 AR 技术，配合骨骼厅的展览，让观众以一种特殊的方式"观看"骨骼，这些标本被赋予了新的生命。观众可以通过 App 了解这些标本在活着的时候长什么样子，如何移动。

2. 互动形式

上海天文馆对于增强现实的应用将分为馆内增强现实互动模块、增强现实导览模块和增强现实衍生品展示模块。此处我们重点介绍馆内增强现实互动模块，我们将其分为 AR 立体模型互动和 AR 平面互动。

（1）AR 立体模型互动

天文馆展品 AR 交互体验系统首先让观众通过手机或者平板电脑的摄像头影像识别出他正在观看的展品，或对展品的三维空间位置进行实时定位，然后在手机或者平板电脑上启动一段关于这个展品的交互体验，如显示展品介绍、显示相关展品等。展品 AR 内容设计对应于某展品的交互体验内容。展品识别对需要在天文馆中进行自动识别的展品进行特殊的数据采集和数据处理，从而可以在 AR 应用中通过摄像头影像自动识别。AR 应用可安装在手机或者定制的智能导览终端上。该 App 能完成展品识别和启动展品交互体验的功能。

（2）AR 平面互动

通过使用 App 扫描图文版标识的特定图片或场馆内立体模型，前者会在平面中跟随显示立体内容，可以点击进行查看操作等；后者则是在立体物体表面进行增强现实显示，可根据不同角度准确显示对应内容，并可通过屏幕进行互动，为馆内平面及模型增加丰富的趣味性。

3．项目实例——直击月球

我们以"家园"展区悬挂于空中的 5.6 米直径的 3D 打印高仿真月球模型为载体，配套开发现场终端设备和自媒体手机终端两套 AR 软件（如图 4-3）。

图 4-3　"家园"展区模拟图

（1）当进入该展区时，App 推送互动内容给观众，观众打开互动页面。观众手持手机扫描月球局部，如图 4-4 所示。

图 4-4　AR 互动示意图一

（2）观众使用 App 识别到月球后，有两种模式，默认为 AR 模式，也就是互动媒体始终显示在月球表面对应位置，如图 4-5 所示。

观众可以点击其中的知识点，从而查看此处的内容。比如，人类的足迹均用蓝色小点显示在月球表面，当点击其中一个（人类登月）则显示出人类第一个足迹以及相关内容。

图 4-5　AR 互动示意图二

（3）观众可以使用图中的 3D 模式，当识别到月球后，点击 3D 模式如图 4-6 所示。此时观众相当于利用月球打开一个虚拟的月球模型，通过点击拖动可以旋转月球，点击其中的互动点可获取知识内容。

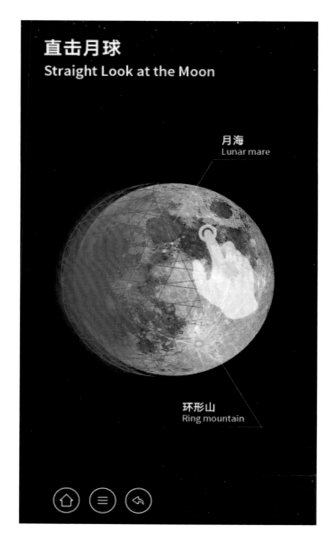

图 4-6　AR 互动示意图三

4.4.2　UGC 项目

利用社交媒体，搭建用户生成内容（User Generated Content，UGC）平台，在博物馆和观众之间建立双向交流的渠道，将是上海天文馆智慧场馆体系的重要组成部分。单向的说教形式早已不能适应博物馆的传播模式，涵盖参与式学习、对话及社交的多向型的教育传播方式将成为博物馆的发展方向，社交媒体的爆炸性发展为此提供了机遇。

不同于传统媒体平台，社交媒体提供了参与和对话，不仅拉近了博物馆与公众的距离，而且让每个人都拥有表达和成为主角并建立社交网络的机会，成为博物馆传播内容的创造者。

公众通过用户制作内容参与到场馆日常的更新改造及临展中来，在过程中，观众不仅可以获得参与感和成就感，使得天文馆和公众之间建立更为紧密的联系，强化观众对于天文馆的信任感和忠诚度，而且天文馆也可以利用 IP 流量的方式打造明星展览，扩大天文馆的影响力和知名度。

1. 参考案例

广东省博物馆在利用媒体招募社会策展人方面也开创了实践。该馆通过媒体发布初步的展示主题和展品内容，向公众征集优秀的策划设计方案，策展人可以通过平台了解官方提供的藏品资源，围绕主题进行展览策划，被选中的方案策展人拥有署名权，布展经费则由官方出资。这种招募社会策展人的方式在不断挖掘馆藏资源信息的同时，加强了公众的参与感和博物馆的社会性。

2. 应用实例

上海天文馆将会利用用户制作内容的方式打造局部小展，鼓励观众参与到天文馆发展中来，与观众建立新的关系。

（1）银河魅影和爱好者乐园

银河魅影是天文馆展区中一个以银河摄影为主题所布置的休息空间，爱好者乐园则是在天文馆中专门为天文摄影爱好者创设的一块展示区域。这两处的摄影作品均来自于公众，在这里将汇集由业余爱好者、专业天文学家和世界各地的天文机构拍摄的美丽照片。这些照片将激励游客在离开博物馆后继续仰望天空。

（2）"公众明星展"活动

上海天文馆组织"公众明星展"活动，观众、爱好者或者公众策展人提出概念，并通过网上平台或 App 上传。馆方进行审阅、评选，并组织和资助制作和呈现展览。

（3）"你出谋我更新"活动

观众也可以对展区中某个展品提出升级优化的想法，馆方每年根据实际运营和观众创意选出改造升级项目进行落地。

4.4.3　天文故事机

观众在休息和排队等候的时间用来干什么呢？很多人会选择玩手机，但涉猎一些科学内容背后的天文小故事未尝不是一个更好的选择。故事的呈现有很多方式，如故事学习单、学习手册、故事查询互动媒体终端等。简单的学习单、学习手册摆放在展区内，不仅占据较多的空间，而且很可能会造成很多浪费。互动媒体也是观众熟悉的一种形式，且媒体触屏已经完全融入生活中，观众对于屏幕的探索欲望也许并没有比手机更为强烈。我们需要寻找一种探索性和交互性更强的形式，吸引观众的注意力和探知欲。这时，具有类似于收银机打印小票功能的故事机的概念应运而生。

通过这一形式，不仅可以丰富天文馆展示内容，让观众从中了解更多关于天文的知识，还可以记录观众游览历程，把天文馆带回家，强化观众同场馆的联系。

1. 参考案例

为了不让乘客等车时太无聊，法国人在火车站安装了"故事自动打印机"。只需要轻轻按下按钮，就能打印出故事阅读并随身携带，不仅等车不无聊，一路上都有得看。如今，法国有 20 多个火车站设立了免费的故事打印机，24 小时可供使用。

法国火车站故事机是由一家名叫格勒诺布尔的创业公司花费整整一年时间研发而成的。故事打印机的操作十分简单，只有三个按钮——1 分钟、3 分钟和 5 分钟，表明故事的篇幅长度，人们在机器上按下按钮就能打印出一张印有故事的小纸条，便可津津有味地看起来。

法国火车站故事机的推广不仅掀起了故事阅读热潮，而且还衍生出新的功能：吸引游客。每天都有外国游客排着队围在格勒诺布尔火车站的故事机旁边自拍。一位法国游客说："故事自动打印机的创意真的很棒，能促使人们去阅读！每个故事都记录了自己的旅行，多年以后再翻开这些小纸条，当年乘火车的心情又会涌上心头，当年窗外呼啸而过的风景又会浮现在眼前。"

2．项目实例——天文故事机

上海天文馆本着为观众提供全旅程体验的理念，希望在天文馆中将天文元素和天文科普得以全方位体现，于是在天文馆主场馆公共区域、各展厅休息区域、排队等候区等区域设置天文故事机，让观众排队等候和休息的时候，通过探索和交互的形式获取不同的天文故事卡片，从不同维度对天文馆的内容加以拓展。不同区域不同点位的故事机内容将根据区域展示主题而有所差异，每段小故事字数在 150~200 字，简短有趣。

故事机设计为灰色丝网金属 UV 圆形面板，面板图案根据展区特点区别设计，面板周围白色 LED 晕光效果（如图 4-7）。装置设备主要由热敏打印机、扫码器、LED 灯带、控制主机、金属面板等构成。机体墙体安装，整机抽拉维修设置，装置简洁，方便维护。

图 4-7　上海天文馆故事机形式设计

观众可以通过手机会员二维码扫描登录故事机，经过后台身份识别，依照网博积分规则扣除相应会员积分后，启动故事机打印。故事机卡片为正反两面的图案设计，明信片大小版面，正面为热敏打印区域，背面为上海天文馆定制图案底纹。观众获得的故事卡片上将印有观众自身身份和故事机的空间位置，完成成套积累后还可以换取一定的奖励。关于故事来源，可以摘录，也可以我们自己原创，甚至还可以邀请天文爱好者或天文科普大咖组成创作团队进行创作。

4.4.4　天文展示的游戏化

游戏化是指将游戏元素、游戏机制和游戏框架应用到非游戏的环境和场景中，以达到培训和激励的目的。这种将学习环境游戏化的方法也受到了博物馆行业的青睐。游戏化在非游戏化环境中的应用，主要是通过融合游戏元素和游戏机制来实现，例如任务道具、经验值、排行榜、重要事件和徽章等。

世界各地博物馆正在通过开发手游 App 来实现在线互动，从而提高人们对博物馆的兴趣。事实上，研究者已经发现手游不仅仅是一种娱乐形式，也是一种有益于知识增长的学习方式。观众在游戏的同时，加强了与展示的交互，深化了对展示内容的认识。同时，自媒体终端作为展示设备的延伸，也解决了观众量较大时展示资源不足的问题。

1. 参考案例

（1）"大都会博物馆谋杀案"游戏

美国纽约大都会艺术博物馆引进了叫作"大都会博物馆谋杀案"的游戏。在这个游戏中，玩家需要寻找线索来找出萨金特肖像画中谋杀"X 夫人"的真凶。玩家必须根据凶手留下的线索和目击者提供的证词，从《新美国翼》（*The New American Wing*）油画中核对可能的雕像、油画和其他物件来寻找真凶。大都会艺术博物馆的讲解处主管佩姬·福格尔曼（Peggy Fogelman）认为，"数字游戏就是不断闯关升级的过程，某些游戏是基于故事的叙述顺序展开的，所以这是让孩子对艺术感兴趣的一种很自然的方法"。

（2）故宫博物院"皇帝的一天"App

故宫博物院官方出品的首款儿童类应用《皇帝的一天》是一本讲过去的未来"书"，它带领孩子们深入清代宫廷，了解皇帝一天的衣食起居、办公学习和休闲娱乐。它趣味还原昔日紫禁城的生活场景，深度爆料皇帝的一天生活细节。"5点就要起床？皇帝不能偷懒多睡一会儿么！""一天两顿饭？堂堂的皇帝竟然得饿着！""一生写了4万多首诗？一天射了300多只兔子？文武双全啊！""原来紫禁城里也有连续剧看啊！"……跟随乾清门外的小狮子，孩子们将从早到晚惊叹连连！这款App开发的初衷是想告诉孩子："与世界相处的方式从古到今从没有变过，它或许发端于一个良好的生活习惯，或许萌生于一个善念，或许就是日复一日的勤奋攀登。"

2．项目实例

引入游戏模式已经成为博物馆创新学习模式的重要方向。但形式上的借鉴与深层次的使用是有区别的。这种区别在于，前者只是让用户参与游戏，而不能对博物馆里展览的内容有更多了解，后者则是可以两方面兼顾。因此，上海天文馆尝试通过各种游戏模式与场馆展示相结合，通过App界面在展馆中创造游戏，扩展展项的体验；并针对不同人群，建立完整和系统的游戏任务模式，配合线上线下的参观系统；或者将天文元素融入手游当中，如养成游戏等。同时设计开放式的系统架构，便于日后更新游戏及内容。

【实例1】宇宙拼图

（1）体验形式

观众通过App组队竞技的方式来完成"宇宙拼图"任务，主要面向小观众团体。组队任务不仅可以加强团队合作，引入竞争，还可以让小观众带着问题和兴趣进行参观，提升了参观的有效性。作为一种引导的方式，我们会让任务尽可能覆盖展区内的主要展示内容，当任务完成时该展区亦参观完毕。

（2）体验过程

App接收到组队任务，利用微信好友、附近的人、互相扫码等方式组队。组队后领取该任务，该任务领取处可设置在行星数据墙的位置。

开始任务后团队在八大行星展区可以查找到八大行星。不同的行星有不同的查找方式，以下依次说明（见表 4-3）。

表 4-3 八大行星查找任务说明

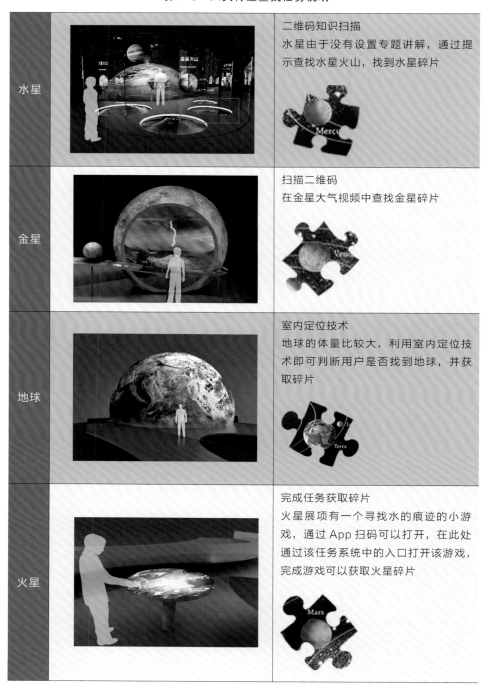

水星		二维码知识扫描 水星由于没有设置专题讲解，通过提示查找水星火山，找到水星碎片
金星		扫描二维码 在金星大气视频中查找金星碎片
地球		室内定位技术 地球的体量比较大，利用室内定位技术即可判断用户是否找到地球，并获取碎片
火星		完成任务获取碎片 火星展项有一个寻找水的痕迹的小游戏，通过 App 扫码可以打开，在此处通过该任务系统中的入口打开该游戏，完成游戏可以获取火星碎片

（续表）

木星		2D AR 扫描 利用 App 扫描木星图像，查找到碎片 
土星		3D AR 摄像头方式 土星有独立的道具造型，在界面中查找土星则自动打开土星 AR 识别程序，识别到土星后，会随机在土星周边出现土星拼图碎片，观众需要在土星的四周查找碎片，点击拾取后获取土星碎片 
天王星		2D AR 扫描或二维码扫描 天王星由于没有设置专题讲解，找寻难度不小，通常可以通过在太阳系仪的位置利用 AR 扫描进行查找 
海王星		2D AR 扫描或二维码扫描 风暴展区中有海王星大黑斑的描述，通过 App 中提示海王星查找大黑斑为线索提示观众在风暴区查找，通过扫描风暴区二维码打开入口 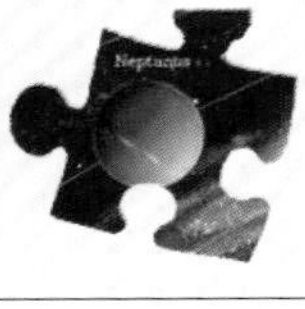

4 应用

105

团队成员找到所有的碎片后可以进行拼图，最终完成太阳系家族的拼图任务（如图 4-8）。

图 4-8　拼图示意图

【实例 2】游历宇宙大年历

（1）体验形式

目前主流的互动多媒体要与场馆中的设备进行交互通常使用的都是馆内的设备，比如触摸屏、定制化的机械电子装备、可骑行单车、方向盘控制的模型车、模型船等等，这些展项接待游客吞吐量有限制，当游客数量多的时候很难保证每位游客能有相同的机会体验到展项。而 App 控制互动则是试图将观众手中的终端设备或者租赁导览机等变成互动装置，通过互联网连接到天文馆内的大型互动装置实现互动控制。不仅解决了资源紧张的问题，避免了可能由于受到围观导致观众无法安心查询观看或者观众本身不喜欢在大庭广众下进行游戏操作带来的尴尬，还可以多人同时操控，增加展项本身的趣味性。

（2）体验过程

首先，打开互动界面。由于存在多种不同的平台及操作方式打开控制界面，多平台的控制功能类似，打开方式目前主流的分为三种：扫描二维码打开 H5 页面；打开 App，切换到相应的界面（此步骤可利用定位推送功能，让用户便捷打开）；微信小程序。

其次，进入控制界面。进入飞船游览小游戏模式，在此种模式下操控一架小型飞行器在宇宙的不同时空中穿梭（见表 4-4）。

表 4-4　体验流程

流程	App 中内容	大屏幕画面
登入 生成飞船		
	①扫描二维码打开 H5 页面或者接收到 App 推送打开互动操作界面，首先默认进入游览界面 ②选择飞船形式进入飞船页面，点击递交后生成飞船，App 或 H5 页面中显示飞船大致位置	当有新的用户接入时，判断当前范围互动飞船较少的位置随机生成飞船（示意用，实际比较小）并与用户 ID 绑定。初始几秒内可显示用户名称头像等。为确保画面不被破坏，用户名称头像等5~10 秒后消失

流程	App 中内容	大屏幕画面
操控飞船进行游览		
	显示：方向键，上部解释当前大体位置说明（如处在距今多少亿年前） 当飞船接近知识点时，可选择打开知识内容	飞船受到用户控制进行游览，每当飞船游览到有可解说的内容附近时，该内容会以闪光等形式予以表现，此时可查看 APP 或 H5 页面，获取详细的解释媒体
手机端浏览知识内容		
	打开知识点内容，浏览查看	银河系显示区域内可以有多艘飞船在飞行。每位观众可以根据自己飞船的位置打开附近的知识点
分享知识	可以利用 App 智能分享功能分享图像，或者利用浏览器进行内容分享	

（3）关键技术

互动体验的关键技术见表 4-5。

表 4-5　关键技术内容

项目	A. 局域网实现	B. 联网实现
主要技术点	局域网通信控制 前端展示开发	H5 页面编写 WebSocket 通信 服务端代码开发 前端大型展项开发
接入方式	App	H5+App+Wechat

（续表）

项目	A. 局域网实现	B. 联网实现
程序复杂度	低	高
操作便捷	接入较复杂 （需要确保局域网连接）	便捷，保证互联网通信即可
硬件体系	无线局域网、 游戏服务主机	终端＋互联网连接、外网服务器（运行服务端代码）、馆内游戏服务主机

【实例 3】"星际宠物"养成记

这是一款由上海天文馆推出的养成类游戏，融入天文科学内容和天文馆展示资源，结合游戏设计、游戏化思维、天文教育的不同角度来打造，目标人群是儿童。儿童观众会在 App 上领养到一只星际宠物，并通过学习天文、参观天文馆、养成小习惯等方式，获取喂宠物的食物和能量奖励。观众可以通过多种渠道获得星际宠物，如下载 App 时、订票过程中、馆内参观获得奖励等。

4.5 社群平台

社群平台功能模块评价见表 4-6。

表 4-6　社群平台功能模块评价

功能模块	分项功能	观众角度 （关注度）	管理角度 （合理性）	开发角度 （可行性）
社群平台	天文馆观众社群			
	观众研究平台 （体现天文观测便捷性）			

4.5.1　博物馆需要网络社群

互联网对人们现实生活的影响日渐显著，其显著程度甚至已经不能用"潜移默化"来形容了。随着互联网技术的发展、应用和普及，人们的思维方式和行为模式也在发生着明显的变化。网络使人与人之间的沟通交流变得异常便捷，信息传播的方式早已摆脱了最简单的中心化传播模式、线性传播模式，呈现出复杂的网络化传播模式。这样的传播模式推动了特殊的网络群聚模式——网络社群。

社群，简单讲就是一个群，反映出人类社会生活中"物以类聚，人以群分"的特征。社群结构作为复杂网络科学研究的重点，揭示了个体间的关系与网络的组织结构[11]。但社群是一个既松散又紧密的群，社群中的人可以摆脱物理空间的障碍，而它又通过逻辑关系或社交关系链紧紧地联系在一起，有着共同的价值观、共同的爱好、共同的认知。不仅如此，社群还有着稳定的群体结构，有明显一致的群体意识，甚至自发形成一套特定的行为规范，维持着互动关系，成员间还能分工协作，具有一定的一致的行动能力。"网络社群"一词出现于 20 世纪末，又被译作虚拟社群、互联网社群或者虚拟社区。最早的提出者是美国学者瑞恩高德（Rheingold），他将"网络社群"定义为当足够的人投入感情长时间参与一个讨论，并在网络空间中构成了一张关系网，就会在网络上产生社会群聚现象[12]，即基于互联网技术，存在一定规范和约束的社交空间，社群成员在这里围绕共同的兴趣或需求等进行交流互动。微信群、QQ 群、论坛、贴吧等都是典型的网络社群。

网络社群的产生与发展不仅有赖于网络技术的发展，也应从社会学角度加以思考。在全球化的时代背景下，在全媒体传播的环境中，话语权、存在感越来越被个体所重视。计算机网络打破了时空隔阂，让人想说就能说；几个简单的动作就能实现传播与分享，让人想秀就秀。相比现实世界，网络世界体现出了"平权"的特征，让普通人拥有了话语权，网络的这种"草根性"是催生网络社群的重要因素。此外，网络社群的成员彼此具有较高的认同度，往往有着明确的公共利益，这也使得个人在其中的话语权和存在感得到进一步放大，对其成员有着强烈的心理慰藉。网络社群的这些特征值得我们深入思考，利用它们促进文化交流、促进科学传播。

作为现代社会重要的文化教育机构，博物馆尤其是科技馆理应对科技发展新趋势保持足够的灵敏度，将网络技术应用于博物馆的公众服务。然而，网络技术的应用也不仅仅是制作网页、开设网络博物馆或提供在线服务那么简单，而是应该结合物理空间和藏品资源的先天优势，不断加强博物馆观众的黏性，构建线上线下相融合的社群模式。

传统意义上的"网络博物馆"是指面向公众的博物馆网站建设，以及配合三维数字建模和增强现实技术，构建虚拟场景，实现所谓的网上展厅或网上观展。不过这些技术应用都不具备社交属性，不会产生网络社群。后来，借助手机 App、微信等工具，越来越多的博物馆业务搬到了线上，如在线购票、在线导览、云讲解、在线客服、志愿者招募等等。这些应用通常只是管理工具，也不会产生典型的网络社群。不过，由于社交媒体的广泛使用，许多博物馆在组织各种展示教育活动过程中有意识地组建各种"群"，既方便了现场管理，又方便了观众相互间的沟通。有些群在活动后依然保持活跃，向生活的其他方面进行了延伸，从这一点上讲，这些群具备了网络社群的特征。

上海天文馆希望为观众提供一个线上线下相融合，覆盖参观前、中、后全流程的参观体验过程。为了将体验过程在参观后继续延长，产生明显的长尾效应，我们添加了社群的功能。当然，这里说的社群既包含了网络社群，也包含了线下社群。

要成功地经营博物馆的观众社群，需要具备以下几个基本要素，并且也必须是全馆的共识：明确且独特的社群定位；巧妙的观众体验设计；培育和引导恰当的社交关系；激发并尊重观众所创造的内容；平等地对待所有参与者。对网络社群而言，还需整合所有通讯与传播的资源。如果说这几条对任何博物馆都适用的话，那么对天文馆来说，还需要理解、遵循学科规律和爱好者们的行为特征。毕竟，天文爱好者是天文馆重要的粉丝群体，也是一个明确的社群参与群体，这是天文馆的天然优势。当然，并不是其他普通观众就该被忽略，只不过围绕爱好者创建社群几乎是一个捷径。当普通观众喜欢上天文馆，融入天文馆社群，他也可能就此成为天文爱好者。

观众可以通过网站、微信服务号/订阅号、小程序等多种途径参与上海天文馆的网络社群。有些根据我们设置的特定板块区分出特征社群，有些则是根据观众的喜好自然而然地区分。

一是趣味打卡小程序。趣味打卡的小程序为观众推荐精选参观路线与重点展项，观众现场打卡后可以在天文馆服务号中分享照片与参观体验，也可以分享到微信、微博等社交平台。从观众分享的内容中可以看出其个性化的偏好，有的可能喜欢硬核知识，有的可能喜欢艺术表现，有的可能喜欢典藏文物，有的可能喜欢交互媒体。馆内某些重点展项或标志景观有可能形成社会热议，从而成为真正的"知名打卡点"，观众们或许也由此形成一定的社群，甚至亚文化（或称集体文化）。

二是征集摄影作品小程序。为广大星空摄影师提供展示与交流的平台，他们可以通过小程序上传自己的作品，观众对作品进行点赞、转发与留言，爱好者们在此切磋技术。这样的小程序将建立起天文摄影爱好者们的网络社群。

三是慕课学习平台。慕课（MOOC, Massive Open Online Course），英文直译为"大规模开放的在线课程"。天文馆慕课不只是网络视频，而是拥有完整教学体系的轻量化在线课程，慕课平台是专门面向青少年开设的网络学习空间。在这里，学生可以完成观看视频、在线测试、提交作业、老师指导、留言评论等一系列在线学习。它具有一定的社交功能，充分体现了天文馆教育、交互的职能，在平台上学习的学生组成了特殊的网络社群。

四是天文主题小游戏。基于 H5 技术开发的酷跑游戏融合了天文馆吉祥物和大量的重点展示内容，对天文馆有着极佳的推广效果。游戏简单易学，共享方便，可帮助其在观众群体中快速传播。

除了网络及智慧场馆应用所催生的网络社群，通过颇具特色的线下活动也可以推动建立观众社群。例如，通过青少年科学创新实践工作站、研学营等建立的中学生爱好者社群；通过夏令营、亲子活动等建立的家长社群；通过公众望远镜科研平台建立的业余天文学家社群；通过社会团体招募的专业志愿者社群等。此外，依托天文馆会员制度和积分系统，可以对观众社群进行精准定位、精准服务、精准管理。

4.5.2　公众参与科研项目与平台

1. 众包科学

科学传播在经历了科学普及、公众理解科学等阶段之后，目前已经进入公众参与科学的新升华阶段 [13]。随着网络和媒体，包含各种新媒体的发展，为这种变化创造了条件，也加速了这种变化的发展。一方面，在受到长期科普教育后，公众的科学素养不断提高，主动参与的意识也越来越强烈；另一方面，科学数据的产量越来越大，在有的学科中，科学家已经不足以应对这些数据，即便有人工智能的辅助，很多时候仍然需要依靠人工进行筛选、比对、校验、确认等工作。要让公众参与研究，必须实现快捷的培训、共享、交互、通信等功能。网络媒介将科学家和公众连接在一起，不仅仅是从科学家向公众传递知识这样单向的传递，而是实现了多对多的交流与互动。这种新型科学传播模式被称为"众包科学"。

"众包"这一概念是美国《连线》杂志记者杰夫·豪威（Jeff Howe）提出，指的是一个公司或机构把工作任务以自由自愿的形式外包给非特定的、较大规模的大众（志愿者）的做法。众包的发起主体是公司或机构，任务通常是由个人来承担，但如有必要，也可以多人协作完成。同一时期，中国学者也提出过一个近似概念"威客"。众包科学，是指用众包的方式解决科学问题或进行科学生产，它是一种由科学研究主体与活跃在社交网络的社会公众组成，将科学研究中的相关人员、数据资料、研究创意通过网络技术动态地联系在一起，跨越时间、空间及传统科研组织边界，以提高科研任务完成的效率和质量的新兴科学生产方式。[14] 相似的概念还有大众科学、全民科学等。不同于企业众包生产，众包科学自然是以科学研究为目的，具备科学传播的特点，但两者也有着相同的组成要素：

① 发包方。通常为科研机构或组织，也可以是个人。

② 大众。愿意参与生产等活动的非公司或机构员工。通常对他们的技能没有过高要求。

③ 明确的任务。由发包方提出的具体目标和需求。通常任务相对简单，大众经过简单训练即可具备相应的技能。

④ 完成任务的形式。由发包方提出具体的公众参与方法和途径。

⑤ 网络平台。通过网络平台向公众进行分发，并收集公众完成的成果。

通常发包方会接收成果并对成果进行评价或校验，但有时候，公众也会组成委员会，代理发包方的一部分职能。

【案例 1】星系动物园

"星系动物园"（Galaxy Zoo）是一个典型的众包天文学项目，目的是邀请普通民众帮助科学研究。导致该项目产生的一个关键因素是科学数据"泛滥"的问题——研究产生了大量的信息，以至于研究团队根本无法分析和处理其中的大部分。2007 年，英国牛津大学的天体物理研究者凯文·肖文斯基（Kevin Schawinski）需要对斯隆数字化巡天计划（Sloan Digital Sky Survey, SDSS）所采集到的海量图片进行处理，辨别那些形如星系的目标并进行分类，以进行更深入的研究。斯隆数字化巡天项目开始于 2000 年，以阿尔弗雷德·斯隆基金会的名字命名，它使用位于美国新墨西哥州阿帕奇天文台的 2.5 米口径大视场望远镜，主要对星系进行多光谱成像和光谱红移巡天观测。项目原本计划观测 25% 的天空，最终成果覆盖了天空的 35% 以上，包括了约 10 亿个天体的光度信息和 400 多万个天体的光谱信息，并仍在继续获取光谱。主要星系样本的红移值中位数为 z = 0.1，其中亮红星系最远为 z = 0.7，类星体最远为 z = 5。对于任何研究来说，分类属于最基础的工作，一方面需要分辨那些星点或光斑是恒星还是遥远的星系，如类星体是指非常遥远、具有极高红移、极高光度的活动星系核，它就是因为看上去像恒星而得名的；另一方面就是对星系进行分类。面对那么大的数据量，研究人员的数量可以用"杯水车薪"来形容。现代天文学与其他科学领域类似，并不担心数据太少，而是担心数据太多。虽然计算机可以提供帮助，但在许多领域，人类意识的识别能力具有不可替代的优势，让数万民众一起帮助研究人员，更快、更准确地分析他们的信息，节省时间和资源，提高计算机完成相同任务的能力，或许是解决这个问题的行之有效的方法。

"星系动物园"并非第一个众包科学项目，它从其他项目获得了灵感。例如早期的基于互联网的全民科学项目"SETI@home"，它于 1999 年 5 月发布，使用公众个人计算机的闲置处理能力来分析数据，也被称为分布式计算或志愿者计算；"星尘之家"（Stardust@home）项目则与之不同，需要人类志愿者的参与完成研究任务，2006 年 8 月发布美国国家航空航天局"星尘"号探测器拍摄的撞击后的图像，邀请"全民科学家们"甄别彗星尘埃中的星际空间粒子。2014 年 8 月，"星尘"团队报告称，在广大公众浏览了 100 多万张图片后，首次发现了疑似星际空间粒子。

2007 年 6 月，"星系动物园"网站（www.galaxyzoo.org）正式上线。项目创始人通过博客、BBC 广播、BBC 网络新闻、报刊等媒体进行了宣传。刚开始，项目科学小组期望 2 万～3 万人参与 90 万个星系样本的分类，这是一个优秀的研究生不吃不喝每天工作 24 小时、每周工作 7 天，可能需要 3~5 年时间才能完成的工作量！结果，宣传效果远超预期，10 万多名志愿者注册并加入了项目，在 175 天内就完成了 4000 多万个（次）分类，平均每个星系有过 38 次鉴别。

在"星系动物园"，公众不需要任何专业背景、培训或专业知识，任何人都可以方便地在自己的电脑上为真正的学术研究做出贡献。随着项目的涉及内容日益广泛和不断扩大，"星系动物园"早已超越了天文学与星系，涵盖了科学和人文学科的 101 个主题，也收获了令人兴奋的结果，产生了 280 多篇已发表的研究论文，以及一些开源的分析数据集。

【案例 2】PSP 项目

星明天文台公众超新星搜寻项目（Popular Supernova Project，PSP）是由星明天文台和中国虚拟天文台（China-VO）合作开展的面向普通大众的宇宙新天体搜寻项目之一，是首次基于国内业余天文观测数据策划实施的全民科学项目，是专业天文队伍和业余天文队伍深度合作的一次成功尝试。

在很多人眼里，搜索和发现新的天体是一件很酷的事情。但是，天文学研究通常需要一些专业的相关知识，令很多普通民众"望而生畏"，认为必须要懂很多高深的天文知识，掌握很多数学物理方法才可以做到。不过，有时候并不是这样，相反，更需要普通民众的积极参与，例如超新星的搜索。

超新星是大质量恒星死亡时剧烈爆炸的现象，被喻为"绚烂的礼花"。通常超新星爆发的亮度可以达到星系核的亮度，每个星系中出现超新星的概率从一年几次到几百年一次不等。然而整个宇宙中可观测的星系数量至少百亿量级，到底哪个星系中会出现超新星完全没有规律可循，谁也无法预测。因此，我们能做的只有不断地搜寻天空，每天给那些星系拍照，以此监视他们的"一举一动"。虽然这个工作计算机也能做，但是计算机所擅长的是完成有规律、可重复的工作，面对天空中所出现的各种复杂现象，计算机却显得力所不及。如果把标准降低，数以百万计的小行星、CCD的噪点、宇宙射线等都很容易被误认为可疑目标；假如把标准提高，则可能遗漏许多可能的目标。这时候，我们需要更为可靠的人的眼睛来帮忙。

PSP 项目的初衷是让任何对新天体搜索感兴趣的普通民众都有机会参与到专业的天文发现中来，对民众的天文学基础并无特殊要求。在 PSP 系统中，公众只需要看图、搜索，倘若发现可疑目标就上报。具体来说，某个星系中如果出现了超新星，那么在星系照片中会突然多了一个星点。公众将新图和历史图（参考标准）对比，如果发现新的亮点并符合超新星的特征，就可以提交系统，经高级用户或管理员复核发布公告，再由各地天文台拍摄光谱认证后即可确定。在正常运转的时候，星明天文台一个夜晚要追踪700～1000个星系。虽然数据量没有"星系动物园"那么大，但是PSP作为公众参与科学的项目，拥有人性化的交互体验和系统化的管理流程。

PSP的流程中有几个部分颇具特色。

（1）图像的预处理

除了拍摄本身的参数设置以外，系统在向用户发送前，对图像进行了预处理，主要是生成了静态强化处理图（以下简称"静态图"）。所谓静态图是将同一目标的新图和历史图进行图形学减法操作，即将新图减去历史图，将相同的部分扣除后留下的就是新出现星点（超新星）部分，然后再做强化处理，因此一个显著的超新星目标在静态图中会呈现出一个较为醒目的"亮斑"。同时，系统提供了新旧两张图快速动态切换的功能（动态图），起到了过去闪视仪的作用。由于人眼对两图中的不同部分非常敏感，所以可以在不断切换中发现新目标。

当然，发现超新星并没有那么容易，需要看大量的图才可能有发现，而且在看图过程中有各种各样的情况需要判断，尤其噪点对判断有着较大干扰，必须具有足够的经验，才会避免常见的误判。PSP网站也提供了相关图例，供志愿者查看。在正式投入工作前，也建议志愿者经过一定的学习与测试。

（2）图像的发布

PSP系统会在每个整点发放一批图片，并在整点前1分钟通过弹窗与背景音乐提示，"叫醒"熬夜工作的志愿者们。一旦系统开始发放图片，用户应当尽快查看，因为越早查看的是越新的图片，虽然搜索超新星并不像体育比赛那样分秒必争，但对于"首位发现者"头衔的争夺一直是很激烈的。系统设置的游戏规则是将一张图片分配给两个不同的用户各查看一遍，这种做法是为了尽可能推送未被别人查看过的新图。同时，为了避免一张图片被长时间占用，系统规定每张图的最长判断时间是3分钟。不过对有经验的参与者来说，可能10秒钟就够了。

（3）发现的审核

如果觉得可疑，用户可以大胆点击"这是可疑目标！"。为了避免挤占审核资源（事实上一晚上爆发很多超新星的概率极低），在同一个批次中一个用户最多只能提交四次可疑目标。用户可以用鼠标左键单击静态图，标记可疑目标的具体位置，这样便于高级用户正确判断提交；如果想撤销标识，只需对那个红圈再左键单击一次。

如果用户提交了一个可疑目标，之后可以通过点击搜寻界面右上角的"我的提交"来查看高级用户对该目标的判断回复，这需要等待一段时间。常见的回复有"很遗憾""鬼影噪点"，如果高级用户回复为"非常可疑，等待补拍"，表示可能性很大，用户可以积极等待高级用户的进一步回复。PSP系统有近10位高级用户，非常尽职尽责地审核每一个可疑目标并作出回复。对比较理想的目标，高级用户会主动与用户联系。如果确有发现，高级用户就会在提交给国际天文学联合会的报告中把共同发现者的姓名写在前面（按照提交时间先后顺序）。国际天文学联合会在得到光谱认证后会授予超新星永久编号，并在其网站发布电子公报公布该发现。如果普通用户掌握了技巧，真正发现了一颗或多颗超新星，将有机会成为高级用户，为其他普通用户做进一步查验判断核实目标等服务。

　　2. 公众研究平台理想模式探讨

　　上海天文馆建有国内最大口径科普级望远镜之一的一米光学望远镜，并在科普望远镜上首创了多焦点光学系统快速切换，从而满足不同的观测需求。虽然地处上海浦东临港地区，观测条件无法与我国西部地区相比，但这并不意味着望远镜无用武之地。一方面，研究机构的望远镜时间非常宝贵，很难向公众开放使用；另一方面，专业科研项目对公众存在较高门槛，很少有机会参与。上海天文馆一米光学望远镜为广大业余天文学爱好者和青少年提供了一定的条件。公众可以向天文馆申请使用望远镜，只要需求合理、观测条件允许，说不定就能把望远镜"借"给你使用。此外，一米光学望远镜本身可以开展部分专业的观测，如亮变星巡天观测、超新星巡天观测等，这些项目会采集大量的数据、资料，公众可以登录天文馆网站，下载相关数据，帮助天文馆进行筛选和甄别，说不定会有新的发现。这样的项目就是所谓的公众参与科学项目或众包科学项目。总之，如果规划合理，计划得当，一米光学望远镜依然可以发挥巨大的价值。

　　要实现这一功能的流程并不轻松，包括了计划编排、数据采集、初步处理、数据分发、看图搜索、提交发现、审核验证、发布报告等环节，需要智慧化网络系统与人工管理相结合。其中，计划编排由系统根据具体的日期，调用相关星表，选择合适的观测目标，自动编排观测计划；假如是公众申请的观测计划，必须经专业委员会审定，手动加入观测计划。观测计划发送给望远镜自动控制系统，后者根据观测计划进行巡天观测，数据按一定格式存储于本地计算机内。

5
故　　事

为了更好地模拟观众在未来上海天文馆中的体验，分析整个参观旅程中的痛点，我们虚构了天天一家四口到天文馆参观的故事（如图 5-1），通过他们一家在参观前、参观中、参观后的各种体验，串联起他们可能会碰到的各种应用场景。

图 5-1　天天一家

出场家庭人物介绍：

天爸：机械工程师。虽刚刚迈过四十，却依然热情不减，还和年轻人一样喜欢玩弄新科技，最近迷上了无人机。

天妈：自由撰稿人。平日喜爱安安静静地读书，对烹饪、园艺有独到的见解。自从有了二宝，打破了原有的生活平衡。生活上分身乏术，工作、子女教育、家务忙得疲惫不堪，常常半夜还在赶稿子。

天天：高一男生，喜欢天文摄影。看上去很文气，其实骨子里很坚毅。喜欢的事情一定做到最好，为了天文摄影没少熬夜。床头贴了"Space2001"的经典海报，每晚睡前都会看两眼。

晴晴：读幼儿园的女娃娃，爱哭爱笑就是她。虽然说话还不太流利，每天像是顶了个大问号，"十万个为什么"天天骚扰家人，为此天妈没少头大。

又到了天文馆"夏至三重奏"的活动季。

每年的六、七、八月，上海天文馆内都会呈现一处别样的景致。位于倒转穹顶下方的地面空间上，会上演"午日日环"奇景。这是建筑与自然现象相互配合后的美丽景象，也是"夏至三重奏"的由来。为了这为期 3 个月的活动季，每年天文馆人都要提前筹备大半年。

今日时逢 6 月夏至日，活动已经达到了三重奏里第一重奏的小高潮。"正午光环"摄影赛、"水兄"做客星闻直播间、亲子光影绘等各色活动吸引了各类人群前来参观。

时间：5 月下旬

☑ 天天报名天文馆活动

天天经常和朋友来天文馆参观，这次看到了天文摄影活动预告后，他早早地在官网上报名参加夏至日当天的摄影活动。在报名时，他用少量积分兑换了抽奖机会，有幸抽中特等奖，获得了当天和"水兄大神"在直播间面对面交流的机会。这让他非常兴奋，更把喜讯截图发到了朋友圈里。

☑ 天爸购买天文家庭套票

爸妈也很支持他的兴趣爱好，决定带着二宝晴晴一起陪哥哥天天来天文馆一日游。之后天天的爸爸在天文馆微信公众号上提前购买了夏至日当天的特色套票，包含 2 张成人票、1 张学生票、3 份宇航真空特色午餐抵用券。二宝由于年龄小，属于免票范围，而且她的午餐需要由妈妈亲手做，所以不需要购买。天文馆比较远，天天爸妈商量后决定在临港住一晚，于是一日游变成了周末二日游。

参观准备：
- 购买门票
- 活动预订
- 积分兑换活动
- 套票预订

订票流程：

1 | 网上登录/注册账号
2 | 选择参观人员类型
3 | 推荐订票方案
4 | 勾选活动/套餐
5 | 展示订单信息
6 | 选择付款/积分抵扣方式
7 | 完成订单
8 | 展示成套当日订单详情

☑ **积分兑换体验活动**

参观前天天爸爸就提前购买了上海天文馆的家庭套票（如图 5-2）。

因为天天是"骨灰级"天文馆会员，参与过多次天文馆活动，同时在天文馆社群论坛上的活跃度很高，积攒了大量积分，于是天天爸爸用这些积分兑换了 4 张 1 小时夜间一米光学望远镜 VIP 观测讲解体验券。这样夜间活动也安排好了，酒店就安排在滴水湖附近。虽然兑换体验券用了天天的大量积分，导致积分减少，但是天天觉得这是一次难得的机会，能和爸妈一同看星星，一切都是值得的！

就这样，夏至日天文馆一日游的行程就早早确定了！

感谢购买上海天文馆家庭套票，该套票包含 2 张成人票、1 张学生票、3 份宇航真空特色午餐抵用券。

图 5-2　完成门票预定

参观当日

**时间：6月21日（夏至）
11：00**

☑ 抵达天文馆

夏至日当天，天天一家四口驱车 80 千米从浦西来到了位于滴水湖边上的上海天文馆，抵达时已经 11 点了。因为有收到微信推送的实时停车信息建议，天爸了解到目前天文馆的停车位已满，微信推荐他停到附近星空之境公园的 A 区停车场内，这地方离天文馆入口最近。

☑ 扫码检票入场

根据导航，天爸带着全家抵达参观入口。通过扫描微信里的二维码，天天一家顺利地通过了安检和检票进入了主展馆（如图 5-3）。

信息推送：
- 实时停车建议
- 实时智能参观提醒

检票：
- 二维码检票
- 身份证检票
- 人脸识别检票

图 5-3　天天一家扫码检票入场

☑ **接受智能参观提醒**

此时微信推送了几条参观建议给天爸（如图5-4），上面写着：

1. 由于目前展馆人群较多，建议先去 B1 层凭餐券领餐，再从主馆出口出去，在天文广场就餐。

2. "水兄大神面对面"活动会于下午 14 时在 1 层星闻会客厅举行，请提前 15 分钟到场，可以从主馆出口处的二次返场入口进入。

3. 目前在 B1 层球幕影院下方的休息区内，林博士正向观众介绍夏至日"正午光环"的光影奇景，可以前往围观，并可以拍照参与摄影比赛。

4. 展馆提供智能讲解和智能定制路线服务，可以在需要时打开小程序搜索。

图 5-4　智能参观信息提醒

图 5-5　品尝宇航真空特色午餐

☑ 领取宇航真空特色午餐，微信参与摄影评选活动

按照提示，天爸带着大家前去 B1 层领取宇航真空特色午餐。等待领餐期间，天天正好在 B1 层听了林博士的精彩天文讲解，并拍摄了多张光环照片。他选了 2 张最满意的发到了天文馆微信公众号里，参与作品评选。

不一会儿，天爸领来了午餐。宇航真空特色午餐真的非常有意思，不需要用手吃，盒子上有三支吸管，素菜、米糊、肉酱一吸而尽（如图 5-5）。虽然谈不上特别好吃，但是这别样的体验，连天爸都很是惊喜。这时天天则激动起来，因为这样的吃法，他在 "Space2001" 里看到过。被如此复刻到现实中，令他倍感激动。

13：45

☑ 二次人脸识别入馆

拿着午餐，天爸带着家人从主馆出口离开，打算在户外草坪上边吃边欣赏风景。出馆时，闸机口处提示要录入人脸识别信息，便于他们午餐后二次进入主展馆。一家四口录入后走出了主展馆。

下午他们通过返场入口人脸识别后再次进入了主馆，天天直接进入了直播间，准备和"水兄大神"开始对谈。录制过程中，天天爸妈和晴晴就在大厅外全程观看，并给天天拍了好几张特写照片。录制结束后，天天和"水兄"合影留念，并把这激动人心的一刻发到了朋友圈，收到了好多朋友的点赞！其中一位名叫圆周的朋友看到后开始和天天打语音电话。原来圆周今天也在天文馆，他是一位已经工作了的资深天文爱好者。天天是在天文馆的论坛上和他认识的。圆周擅长分析数据，会自己看天象。他经常到天文馆的"天文数字可视化实验室"和馆内研究人员探讨一些问题。今天他也是来馆里和姚博士沟通编程的。天天没有玩过可视化编程，他决定和爸妈分开，自己去找圆周一起玩玩新事物。

☑ 跟随智能导览讲解系统定制参观路线

和天天分开后，天爸不知道应该从哪里开始参观展馆。突然间他想起早上用过的天文馆小程序智能系统，于是决定试一试。天爸输入了目前参观人数（3人）、年龄信息（二大一小）、天文了解水平（初级），让小程序自动推送了一份参观路线给自己。小程序推送的是一条适合亲子

智能导览讲解系统：
● 推送定制化参观路线
● 推送讲解内容
● 提供打卡闯关活动，增强参观趣味性
● 记录参观路线，同步至个人天文档案中

的参观路线，建议他们先前往 1 层的"家园"展区了解太阳系，然后再前往 B1 层参观适合儿童嬉戏的行星乐园。这条路线符合带娃参观的各类需求，天爸很满意，于是点击确认路线。随后小程序界面自动绘出了参观路线图给天爸，同时转入对应的讲解模式，开启了定制讲解服务（如图 5-6）。天爸发现小程序的路线图上标注出了几个打卡点，天爸觉得有点意思，有种年轻时候玩定向越野的感觉。在选路线期间，天妈已经在服务台借了一辆婴儿车，就这样天妈和天爸一起带着二宝晴晴开始了这趟定制版的参观旅程。

图 5-6　开启定制版参观旅程

图 5-7　完成打卡挑战

☑ 跟随智能打卡系统完成打卡挑战

跟随智能语音导览讲解器，天爸看到了位于大太阳展项旁边的打卡机。打卡机提供了扫码、人脸识别两种打卡方式。天爸觉得非常人性化，他选择了人脸打卡的方式。设备提示天爸，使用人脸识别打卡还可以和家人合照记录这一刻，拍完会记录到他的账号里。于是天妈抱着晴晴和天爸一起拍照，确认照片上传成功后，屏幕上显示出打卡成功的信息。同时手机小程序立马发出了语音提示天爸："您已打卡1个点，还剩余5个点，请继续加油哦！"（如图5-7）这一顺畅的体验令天爸非常满意，特别是提示语的最后说通关成功可以领取小礼品一份，这点燃了天爸打完全部点位的热情。

☑ 阅读天文故事缓解参观疲惫

在参观打卡过程中，天爸发现在排队时，有时会看到一些观众拿着长长的纸，聚精会神地读着上面的故事。天爸很好奇，也想在排队时可以读一读，缓解自己焦躁的等待情绪。询问后了解到，这是"天文故事机"里吐出的故事，机器藏在天文馆的一些角落里（如图5-8），找到后可以通过扫码，10积分兑换一则天文小故事。这些故事有些是专业天文研究人员写的，有些是天文爱好者写的，品类繁多。

天文故事机：
- 提供天文小故事
- 缓解参观等待期间的疲惫感
- 故事共创，增进观众主动与展馆互动

☑ **加入天文故事撰写团队，获得天文积分**

如果加入写作团队，每打印出一则自己写的故事，还能返给作者1个积分呢！天爸觉得太有意思了，应该让儿子天天也加入这一撰写团队。天爸找了半天，终于找到一台故事机，手机扫码后，手机界面上显示扣除了10个积分，而机器上则吐出一截故事纸。运气真好，这篇还是"水

天文小游戏：
- 提供天文主题小游戏
- 扩展天文馆观众群体
- 增加观众积分
- 推广展馆活动

图 5-8　天文故事机

兄大神"写的呢！"太棒了，天天一定会珍藏这篇故事的！"天爸一边想着，一边把故事纸小心翼翼地放进了包里。打完全部点位后，天爸的手机小程序上推送了一条闯关成功的信息，并提示可以去礼品店兑换一个当天的特色小礼物。礼品店提供了 3 种选择，天妈选了一个天文馆吉祥物造型的毛绒玩具，非常可爱，正好可以给晴晴玩。

17：30

☑ 接收夜间活动信息提醒

差不多到了傍晚时分，天天和爸妈在主馆出口集合，一同离开了天文馆，就近找了个地方吃晚饭。19 时左右小程序又开始提醒天爸已经预约了 20 时 30 分的观星活动，同时推送了集合地点给天爸（如图 5-9）。天爸非常喜欢天文馆这套贴心的智能系统，一直有种享受了 VIP 服务的感觉。

图 5-9　观星活动信息提醒

20：30

☑ **参观一米光学望远镜**

提前 5 分钟，天爸一家四口来到天文台准备排队入场。工作人员提示天爸需要打开小程序里预约信息中的二维码，通过扫码审核预约信息。进入天文台后，工作人员带着预约观众们来到三楼，天文台的姚博士向大家介绍了天文望远镜的使用方式，以及天文望远镜的一些特殊功能（如图5-10）。第一次看到一米光学望远镜，观众们都很兴奋。

☑ **加入云端天文观测群**

姚博士还介绍了如何加入远程协同观测、分析天文数据、开展天文研究的方式。天天很感兴趣，问姚博士要了网站链接，原来在天文馆的官网和微信公众号里就有介绍和链接。天天准备回家后好好研究研究。参观完望远镜，姚博士带着大家回到一楼，来到户外。此时，工作人员已经架起了几台小望远镜，"水兄"开始调试起这些小望远镜，今晚姚

图 5-10　参观一米光学望远镜

博士要和"水兄"一起带着大家学习如何使用小望远镜以及如何观星。

☑ 通过玩天文游戏了解天文并赢取天文积分

在参观过程中,天爸认识了一位神奇观众——大学生吴奇。他是第一次来参观天文馆,居然能预约上这一需要大量积分兑换的热门观测活动。天爸很好奇他是如何做到的。吴奇告诉天爸,他的预约机会是玩游戏玩出来的。原来天文馆为了推广展馆开发了一款酷跑小游戏,吴奇从朋友圈看到有朋友在玩,界面很漂亮,他便产生了玩一玩的想法。之后他经常玩,一局 1~2 分钟,游戏结束时还有天文问答题,可以了解天文知识。因为玩得多,他得分很高。累计的得分可以兑换一定比例的积分,前阵子游戏上推出了积分抽预约券的活动,他花了 20 个积分抽中了这次体验活动。此前因为天文馆太远了他一直不想来,不过这次机会难得,他就想来看看。没想到天文馆这么棒,让他来了还想再来。他还和天爸说,天文蛮有意思的,这次活动让他对天文有了新认识。天爸点点头,打开手机,开始找天文馆开发的小游戏,想着放松的同时可以学学天文小知识,要是偶尔搞活动抽个奖,"十一"放假就又可以带天天来参观了。

22:00

个人天文档案:
● 记录积分数据
● 记录参观数据
● 可以添加好友,了解好友参观数据等

☑ 返回酒店回顾一天行程

结束一天的天文之旅后,天天一家四口回到了酒店。明天他们打算去天文馆周边其他地方再看看。天爸打开了天文馆微信公众号,发现上面推送了一份"今日参观回忆"给他。他饶有兴致地点开后发现,里面按时间顺序记录了他们一家今日的全部参观行程。包括在哪些地方打卡,午餐吃了什么,合影照片等等。这份参观详情中还清楚地记录了天爸一家新增了500积分、使用了400积分，参观了展馆内30%的展品，目前处于初级爱好者阶段等情况。另外还推送了一些和今天参观内容有关的天文知识延伸科普短文和视频给天爸，可以供之后深入了解相关内容。

☑ 在天文社群了解好友参观记录

天爸马上把这一推文和儿子天天分享，天天告诉天爸，他认识的那位朋友圆周的天文账号上已经打卡了馆内95%的展品，是"骨灰级"爱好者。天天拿出自己的手机，向天爸展示了圆周的会员界面，里面详细记录了每次天天参观的时间、参观的展品，还有自己写下的当日参观心情、感悟等等（如图5-11）。天天告诉爸爸，他和圆周在线上已互相关注为好友了，所以他和圆周都可以看到对方的参观信息，还可以对这些内容进行评论留言。天天通过这一天文会员系统认识了很多天文"大咖"，希望自己有一天能和他们一样，打卡全部的天文馆展品，参与天文馆举办的研究项目，成为天文"大咖"。

今日参观回忆
参观人: 天爸、天妈、天天、晴晴
积分情况: 新增500积分, 使用了400积分
展馆打卡情况: 已参观展馆内30%展品
兴趣级别: 初级爱好者

图 5-11 分享参观体验

参考文献

[1] FALK J H，DIERKING L D. The museum experience revisited [M]. London & New York: Routledge，2013.

[2] NIELSEN J. Why you only need to test with 5 users[EB/OL]. https://www.nngroup.com/articles/why-you-only-need-to-test-with-5-users/.

[3] SEAMAN M. The right number of user interviews[EB/LO]. https://medium.com/@mitchelseaman/the-right-number-of-user-interviews-de11c7815d9.

[4] 文物保护领域物联网建设技术创新联盟 . 智慧博物馆案例（第一辑）[M]. 北京：文物出版社，2017.

[5] 故宫博物院 . 故宫博物院养心殿研究性保护项目启动系列活动在端门数字馆举行 [EB/OL]. http://www.dpm.org.cn/classify_detail/179367.html.

[6] 国家文物局 . 智慧博物馆的现状调研专题报告 [R].2014.

[7] 宋娴，胡芳，刘哲，等 . 新媒体与博物馆发展 . 上海：上海科技教育出版社，2014：21.

[8] 陈颖，王晨，施韡，等 . 建构未来科普类博物馆多维度体验——上海天文馆观众参观体验策略设计 [J]. 工业设计研究（第六辑），2018: 307-315.

[9] 秦晴 . 艺术、科技、谜语和解救——博物馆里的密室逃脱 [EB/OL]. http://www.hongbowang.net/news/yj/2018-11-12/10791. html.

[10] 孟冉，忻歌，陈颖，等 . 游戏化视角下的博物馆参观体验设计—— 以上海天文馆体验设计为例 [J]. 科技传播，2019(7)：185-187.

[11] 何晓晨，杜海峰，杜巍，等 . 静态全符号网络的社群结构 [J]. 西安交 通大学学报，2018(2): 46.

[12] 焦桐 . 浅谈网络社群的建构与维系 [J]. 新闻研究导刊，2018：100.

[13] 李大光 . "公众理解科学"进入中国 15 年回顾与思考 [J]. 科普研究， 2006(1)： 24-32.

[14] 胡昭阳，汤书昆 . 众包科学：网络时代公众参与科学的全新尝试—— 基于英国"星系动物园"众包科学组织与传播过程的讨论 . 科普研 究 ,2015(4): 12-20, 34.